成为人类学家

黄剑波 龚浩群 李伟华 主编

华东师范大学出版社

图书在版编目（CIP）数据

成为人类学家/黄剑波,龚浩群,李伟华主编.—
上海：华东师范大学出版社，2020
ISBN 978－7－5760－0512－7

Ⅰ.①成… Ⅱ.①黄… ②龚… ③李… Ⅲ.①人类学
－文集 Ⅳ.①Q98－53

中国版本图书馆 CIP 数据核字（2020）第 099044 号

本书受中央民族大学 2018 年度"建设世界一流大学（学科）和特色发展引
导专项资金"之民族学学科经费资助

成为人类学家

主　　编　黄剑波　　龚浩群　李伟华
责任编辑　顾晓清
审读编辑　赵万芬
责任校对　王　琳　　时东明
封面设计　刘怡霖　李霄逸

出版发行　华东师范大学出版社
社　　址　上海市中山北路 3663 号　　邮编 200062
网　　址　www.ecnupress.com.cn
客服电话　021－62865537
网　　店　http://hdsdcbs.tmall.com/

印 刷 者　上海锦佳印刷有限公司
开　　本　890×1240　32 开
印　　张　11.625
字　　数　233 千字
版　　次　2020 年 8 月第 1 版
印　　次　2020 年 8 月第 1 次
书　　号　ISBN 978－7－5760－0512－7
定　　价　49.00 元

出 版 人　王　焰

（如发现本版图书有印订质量问题,请寄回本社客服中心调换或电话 021－62865537 联系）

目　录

按　语

黄剑波、龚浩群

2017年9月，近三十位青年人类学者在上海小聚，名之为"学术关怀与学术共同体"圆桌讨论会，作为青年人类学家沙龙之一暨MODO主题工作坊之七。

这次讨论会原本试图承续和回应七年前的一次主题工作坊。2010年6月，"中国人类学的田野作业与学科规范：我们如何参与形塑世界人类学大局"工作坊在北京大学举办，宗旨是"在世界人类学群的概念中寻找表达中国人类学的学科自觉的方式，通过树立和完善自己的学术方法与学科规范，认知中国人类学在当下的国际人类学界的位置，明确自身在中国社会科学界的学科定位"。来自数十所国内外研究机构的五十多名与会者在研讨中积极贡献了观点，共同促成了"关于中国人类学的基本陈述"的形成。这份陈述就中国人类学的学科规范和学术伦理等基本问题做了学科声明，是为健全中国人类学的学格或集体人格而做出的一次集体努力。

时隔七年，一批青年学人再次聚首，共同探讨中国人类学在当代的学术关怀、知识生产路径和学术共同体建设，将圆桌讨论会的目标设定为：促进青年人类学学者之间的深度交流，梳理近年来中国人类学相关领域的最新进展，反思当代人类学学者在学术体制、经验现象和方法论方面面临的挑战，共同探索中国人类学的目标、理论生长点和发展前景，推动青年人类学学术共同体的成长。

在两天气氛轻松的讨论中，与会者真诚分享自己对于人类学的理解，既涉及"学术研究与公共参与"、"学术发表与教学"这类关乎学科定位与发展的问题，也试图对一些具有学科共同意义的理论性议题展开讨论。例如，在"理论积累与推进"环节涉及的问题就包括：哪些理论可以称为"人类学理论"？如何看待理论与方法的关系？与其他社会人文学科〔如社会学质性研究、政治经济学、文史哲，乃至区域研究、文化研究、科学技术与社会（Science, Technology and Society, 以下简称STS）〕相比，人类学自身的学科特点在哪里，又如何与这些学科相互借鉴？人类学的研究取向对促进社会科学知识和实践的本土化可以起到哪些作用？关于"本土化"的命题，可以做出哪些反思？

圆桌会议最后还重点对"中国与人类学或人类学与中国"这个话题展开了比较激烈的讨论，议题包括：海外民族志与当代中国研究应当形成怎样的互动关系；如何在具体研究中处理中国，是作为一种材料来推动人类学，还是认为中国材料可以对人类学形成独特贡献，从而推动人类学理论的中国化；中国人类学学术共同体的形成途径与行动倡议。

与我们所知的其他学术会议非常不同的是，这次讨论会还特别设计了一个名为"学术共同体"的环节，要求与会者用5—10分钟进行学术性自我陈述，结合自身的研究经历和研究关怀，总结和分享研究的主导线索和思路，并试图提出一些具有普遍性的关注点和问题，引发大家的回应与讨论，进而明确和凸显主要的讨论议题和努力方向。

这个设想后来被证明是整个讨论会的亮点之一。不少旁听会议的年轻学者及研究生反馈，正是与会者真诚的个人分享使他们看到这些过去主要在文字中看到的名字拉近、落实成为一个个活生生的个人；也正是在与会者剖析自己"成为人类学家"的过程中——其中不乏种种纠结、挣扎，甚至错误——他们可以真实地感受到人类学作为一门研究"人"的现代学科的魅力和温度。这也再次印证了这个说法：人类学家在研究他人的同时也是一个自我发现的旅程。

或许有人会质疑甚至嘲笑年轻人尚无进行学术自述的资格，但在我们看来，学术自述并非功成名就者的专利。事实上，每个人都有资格，甚至有必要随时对自己的人生进行回顾和反思，毕竟，我们的现在既由过去所定义，也被未来的想象所限定。当然，我们期待与会者绝不是对自己学术经历的简单陈述，甚至自我吹捧，而是结合自己的个人研究和成长过程，思考一些具有学科普遍性的问题，就如格尔茨在《追寻事实》（*After the Facts*）所给我们看到的那样。

我们相信，当我们致力于自己的具体研究时，我们心里都有潜在的学术同伴或对话伙伴，但他可能是模糊的、不确定的。因此希望大家在真诚分享的同时，激发各位共同创造出作为对话伙伴的彼此，这不仅是作为个体的学术研究者的需要，也是作为集体的学科共同体的需要。

　　在此要感谢赵亚川同学在会后很快就将大家的分享整理成了初稿，并很快收到了与会者自己审订后的定稿。我们在看这些并非学术论文的文字时，很有共鸣和收获，不夸张地说，或许比一些专门领域的学术论文更具有参考价值和启发性，因此觉得很有必要分享给更多的同道，特别是让比我们更年轻的年轻人从我们的挣扎、纠结、错误中有所学习和参照。因此也要感谢云南大学李伟华博士的提议，将这些个人分享性的文字与其相关的研究论文组合起来，让读者可以看到研究者其人与其文之间的互动和互证。

纹　路＿

一名老青年的人类学之旅

潘天舒

我与人类学的最初缘分来自三十年前在英国利兹大学为期一年的交流学习经历。当时我作为复旦大学英美文学专业大三学生,有幸获得人生第一次海外游学和猎奇的体验,无意之中为自己播下了一颗人类学的种子。在异域经历与"他者"的互相凝视,使我发现"文化"比文学更丰富,语境(context)比文本(text)更有趣(不管是艾略特的《荒原》还是玄学派诗人的传世名作)。至今我仍难以忘怀约克郡的风土人情,尤其是那带有鲜明特征的口音和俗语。大四毕业留校后,我又去农村支教一年,在田野体验中更感受到了做实地调查的乐趣,觉得"小城镇"的"大问题"实在太多(此时耳畔响起多年后沈原和郭于华老师用他们特有的腔调说出的"小城镇还真成了大问题啦")。顺便说一句,1989年春节回苏州过年与老外婆闲聊,说起当年她上小学时与费孝通同坐一条板凳的趣事。她还说"费孝通喜欢杨绛,不过杨绛喜欢伲钱家人"(必须指出,在人类学者眼里,老太太混淆了"家"作为"宗族"和"氏族"概念的原则性区别)。我以为老外婆的八卦,未必是事实,直到十年后在北京听到沈原和郭于华说:这事谁不知道啊。后来小舅舅告诉我:外婆在读振华女中时与杨绛是同学,而且她们都是王季玉校长器重的理科和文科"学霸"(言下之意,外婆说的都是事实)。当然,不管是八卦还是"事实",从曼彻斯特大学的克鲁格曼到哈佛大学的赫兹菲尔德都会认为,这是当代人类学不可或缺的核心内涵(再八卦一句:如果费孝通写成的《江村经济》是一部像他老师弗思《我们,蒂克比亚人》一样生动的民族志作品,没准杨绛还是会青睐让民族志讲故事的老同学吧)。

话说 1992 年初,我在接待访问复旦大学的明清文学研究权威韩南教授(时任哈佛燕京学社社长)时,无意中谈到了自己在支教时读到的《小城镇大问题》,并就费孝通的社区研究对于转型中国的价值和意义,跟他进行了热烈的讨论(这实际上是一次计划外的面试)。韩南自 20 世纪 50 年代在北京留学时就认识费老。他说对费孝通学术遗产的评判,离不开他所处的时代和制度环境。在韩南教授的鼓励下,我申请去哈佛大学读研,于 1993 年底作为哈佛燕京学社奖学金获得者开始在东亚地区研究专业委员会(RSEA)进行硕士阶段的学习,并于 1995 年进入人类学系攻读博士。

我的人类学专业学习起步于硕导华如璧(Rubie Watson),完成于由博导华琛(James Watson)负责的博士论文委员会。指导老师包括凯博文和赫兹菲尔德教授。华如璧和华琛是哈佛人类学著名的学术伉俪,而华琛、凯博文和赫兹菲尔德可以说是哥儿们,共同指导着几十名来自不同文化和学科背景的博士生和博士后。我有幸从这一特殊的"家长制"和同学网络中得到教益和激励,顺利地完成了研究生阶段的学习,在 2002 年获得学位并找到教职。

从 1998 到 1999 年，我获得美国国家科学基金会（NSF）、温纳-格伦基金会（Wenner-Gren Foundation）和丰田基金会资助，在上海东南社区开展以历史记忆、"士绅化"和地方转型为核心议题的田野研究，析读 1990 年代结构性变革进程中发生在上海邻里各类人员身上的系列事件，以及他们面对世纪巨变的身份认同过程和发展策略，最终写成题为《上海社区发展研究》（*Neighborhood Shanghai*）的哈佛人类学博士论文（经编辑后由复旦大学出版社出版）。从 2002 年到 2005 年，我受聘于乔治城大学外交学院和社会学系，讲授文化人类学、人类学理论、政治人类学、都市人类学、饮食与文化和"文化与政治"核心课程。经乔治城外交学院副院长贝蒂推荐，我从 2003 年起在位于华盛顿的约翰·霍普金斯大学高级国际研究院（SAIS）国际发展部主讲发展人类学课程。这一经历为我日后写作《发展人类学概论》（2009）打下了基础。

2005 年我决定海归母校复旦大学，并获得导师华琛和凯博文的大力支持。华琛鼓励我在继续深化原来的上海城市社区历史记忆与社区发展研究的同时，更进一步聚焦于商业人类学、医学人类学、发展人类学三大核心来开辟复旦当代人类学的新天地。而我个人在研究实践中的角色也不知不觉从独立研究者转向项目协调人和主持人。2005 年秋我在哈佛燕京学社访问期间，华琛安排我认识了英特尔"人与产品"部门的研发人员。当时英特尔希望了解在中国农村这样的一个新兴市场中，信息交流技术（ICT）的普及情况。我在波士顿与他们电话沟通了两三个小时，讲了我对中国农村的了解，以及博士论文的内容。

2006 年我在回国的两周内，就在上海与英特尔研究员苏珊娜·托马斯见面，开始了与英特尔的第一次商业人类学的跨界合作。当时我的搭档是复旦大学社会学系的张乐天教授和上海大学的董国礼教授。张老师以《告别理想——人民公社制度研究》一书成名，对中国农村生活有着极为深刻和独到的理解。我和张乐天老师各自的知识结构和生活体验可以说有一种天然的互补，所以后来我们把主要的田野地点定在了一个民工流出地城市和一个民工流入地城市。董国礼教授是阜阳本地人，对于土地流转和乡村基层治理见解独特。我们和苏珊娜·托马斯一起设计了一整套方法操作指南，来对所有参与项目的人进行培训，这样也确保了项目中的每个人都能够按照人类学的基本原则去收集信息。另外一个更重要的贡献是，我们讨论出了"影随"（shadowing）的具体方法。每个项目有不同的影随的方式。比如苏珊娜之前的工作经历是在手机厂商从事研究，她影随的重点在于记录人们拨出和接电话的瞬间，那个瞬间究竟发生了怎样的动作、表情、事件等。她很关注被观察者从做一件事情到做另一件事情的那个切换过程。而我本人 1998 年在上海东南某社区做田野研究时曾经做过居委会主任的临时助手，工作内容就是跟着她工作一天，从访问孤老和贫困户到参加各种会议，还帮她做各种杂事，但这些更是我田野体验重要的组成部分。这两种源自不同语境的田野操作方法和技巧结合起来，就形成了我们在英特尔项目中对农户的影随的工作方法。研究人员对农户采用影随的方法，从家里到田间地头，到乡村社区，到镇上买东西，都跟着。在这个过程中苏珊娜认为，在完成一件事情，到下一件事情时，需要特别关注：比如从田里回来，遇到熟人，聊了多久；或者路上又去买农用物资啊什么的。同时我也意识到，需要让一个男学生和一个女学生，分别跟随家里的男主人和女主人，这样能够得到互补和齐整的田野视角。这也是受到我的硕导华如璧和博导华琛当年在香港新界研究的影响（夫妻二人当时在男女界限分明的村庄按性别分工进行田野研究）。在这个基础上，研究员进行深度访谈。此时他们已经对乡村生活细节有了很多了解，再继续设计访谈问题，这样就很有针对性。英特尔项目进入下一阶段时，我们和两位工业设计师一起去阜阳和吴江（与海宁工业化和城市化水平相当的田野点），他们没有受过系统人类学专业训练，却很注重从当事人的立场和视角来看待问题，注意倾听当事人的声音，此时我和同事们都意识到了商业人类学广阔的应用前景。我们在 2006 到 2008 年间与英特尔和微软（中国）的合作项目，也给复旦人类学的应用性研究发展之路确立了较高的起点。

2007 年秋，在张乐天老师倡议下，我与凯博文老师共同创建哈佛-复旦医学人类学合作研究中心并担任中方主任。中心自成立以来，一直注重跨学科交流的研究视角和手段，为学术探索和决策咨询服务。凯博文教授是研究中心的美方主任。作为当代医学人类学的领军人物，凯博文启发和引领无数医生、公共卫生专家、精神医师和社会科学学者，将医学人类学的观念应用于全球性的疾病预防和治疗，为许多发达国家和发展中国家卫生政策的制定提供了坚实的学理基础和实证依据。近年来，我和同事朱剑峰与上海市精神卫生中心的徐一峰院长以及哈佛亚洲中心的陈宏图教授（凯博文的学术助手）建立了持久的合作关系，先后进行了由上海市卫生局副局长肖泽萍教授牵头进行的上海市4—18岁儿童和青少年精神问题研究（田野调查部分）、由哈佛大学古德教授主导的应对精神疾病污名化策略以及哈佛大学凯博文教授主导的老龄化护理实践项目。目前我们中心正通过哈佛亚洲中心与江苏产业研究院合作开展一项老年科技与社会经济价值观的跨学科合作项目。从2012年起，我和同事朱剑峰老师以圣路易华盛顿大学医学预科生为主要授课对象，开设以医学人文和全球健康为核心内容的国际课程。今年秋天，我和朱老师又和复旦大学社会发展与公共政策学院的同事们合作，参与复旦基础医学院临床八年制学生医学人文导论课程的教学工作。

从2014年开始，我所在的教研团队成员与上海睿丛文化合作，在田子坊一起成立了复旦应用人类学教研基地，通过课堂教学、定期举行的跨界工作坊以及以医学和商业人类学为主要议题的项目合作，大大拓展了复旦人类学的学科范围，并赋予其公共性、植根性和前瞻性的特征。

十年前我听到有句话叫作"自由而无用"，常被用来概括复旦的大学精神。这虽然也是复旦当代人类学特色的某种体现，但我认为我们的学科更应该朝着"自由，有用，而且有趣"的方向发展。只有这样，我们才能为实现费孝通"迈向人民的人类学"夙愿，走出坚实的第一步。

学习费孝通学术思想的一点体会

张亚辉

　　我学习人类学是年近三十才半路出家,我的导师王铭铭教授一次生气的时候说:"你的人类学训练应该叫做空前的不完整!"我深以为然,并且常常以此自勉,希望能从这先天的不完整中多少长出些新鲜的血肉,使自己不要总是让人看起来破绽百出。我学习人类学的时间可能比所有的同辈学者都要短,所幸有师长的批评鼓励和同学的宽容,才勉强算是撑得住脸面。为了对得起这些厚爱,我也写过些习作,其实大部分的想法都已经在文章和书本中向大家汇报过。无奈我为人疏懒,总有些问题是想过、讲过,却最终没有心力写成的内容,权且当作我这 14 年来学无所成的一次辩解和遁词吧,学术自述,恐怕于我而言说是"自恕"才文题相符。

　　2004 年我开始学习人类学的时候,整个中国人类学的目光都集中在中国东南研究,三年半的求学时光都在努力理解弗里德曼和他的弟子们的想法,但毕业之后我到中央民族大学(简称中央民大)做教员,那里不流行弗里德曼。我博士论文做的汉人水利社会研究也少有人问津,我不得不重新思考自己的学术方向。这段时间正好我的师妹杨清媚在做费孝通的学术史研究,偶尔在一起讨论的时候,我们发现了费老在"禄村农田"中有一段界定传统经济心态的话似乎是从马克斯·韦伯的书中来的，虽然那时还没有看到任何费老引用韦伯的证据，但我和杨老师大胆猜测费先生的《云南三村》和《乡土中国》的关系可以相当于韦伯的"资本主义精神"和"新教伦理"的关系，这个猜测在只有间接证据的情况下居然无往不利，让我自己也觉得有点惊诧。不论如何，这个设想后来成为了杨老师的《最后的绅士》一书的核心内容之一。这种脑洞大开的荒诞之举招来了很多非议，直到有一天潘乃谷先生在吴文藻先生的遗物中发现了费老的遗稿"新教教义与资本主义精神之关系"，这段在中央民大的 No. 5 咖啡厅产生的悬案才算了结。

关于费老和韦伯之间的学术关联的发现对我个人意义重大，我开始持续关注对费老的学术思想的研究。众所周知，费老给田汝康先生的《芒市边民的摆》写的序言是他一生中少见的宗教人类学的总体性综述，其中提到的知识社会学问题则直接与韦伯学派的社会理论有关。而在同一时期更加系统地利用知识社会学从事民族志研究的人则是李安宅先生。我和我的学生毛雪彦对这个问题做了比较长时间的讨论，也各自写成了文章。后来，毛雪彦就一直沿着李安宅与韦伯的路径继续研究安多地区的寺院庄园问题，她的硕士论文处理了藏传佛教知识的卡里斯玛，博士论文则转向了寺院庄园与区域市场的研究。

大约四五年前，在重庆大学开会的时候，我和西南民族大学的张原老师散步时讨论到了费老对藏彝走廊的研究，那次讨论使我关注到费老对西南边疆的基本研究单位的界定是"政体"，而不是民族。这直接导致我在过去几年当中都在考虑将林耀华先生、陈永龄先生、张之毅先生关心的传统中国晚期边疆封建的问题与费老的多元一体格局理论相互结合的可能性。过去几年，由苏发祥老师、刘志扬老师、彭文斌老师和我一起推动的藏边社会研究的系列学术研讨会大概都是着眼于此。重庆的那次讨论也让张原老师开始系统关注人类学的神圣王权研究，我们办了几次读书会，也出版了一批学生的书评作品。

2016 年，是我为生活动荡所迫要离开中央民大前的最后一年。秋季学期的时候，我决定开设一门课，课程名就叫作"费孝通的 1940 年代"，之所以要开这门课，是由于在费老和韦伯的关系已经得到充分承认和讨论的时候，我和杨清媚老师花了些时间去整理费老的思想和英国经济史学家托尼之间的关联性。托尼在中国的声望大多来自他在英国推广韦伯的社会理论，以及关于中国的研究作品《中国的土地与劳动》，而我们的着眼点则首先来自华勒斯坦在《现代世界体系》一书中对托尼的经济史研究的重视。一旦将费老的思想基点放在比较经济史研究当中，他所有在解放前的作品，以及第三次学术生命的作品就联络成了一个完整的思想序列，而且费老和他的英国老师马林诺夫斯基和弗思之间的关系也豁然开朗。这种美感让我欲罢不能，在中央民大任教的最后一个学期，我从托尼的著作开始，一直讲到了费老在 1940 年代末期的系列作品，比较充分地展开了费老的土地制度、家庭手工业、手工作坊和士绅等各个研究主题；这些主题总体勾勒出了费老的现代化方案的轮廓，尤其是他在中英经济史的比较研究基础上与托尼之间的对话和争论。在授课的过程中，我和杨清媚老师一直就这些问题进行讨论，尤其是托尼对 16 世纪英国土地制度的研究；其间，杨老师也在不同的场合就这个问题做了几次学术讲座，而社科院民族所的舒瑜老师已经在德昂族的田野调查和康定的藏茶研究中推进了相关的经验研究。在对《乡土中国》的研读中，我和我的学生黄子逸还注意到了费老的乡土中国概念其实和滕尼斯的共同体理论有着密切的关联，尤其是在对差序格局概念的分析中，我们发现了潘光旦先生对孟子的"五伦"说法的批评，从而确定了费老的乡土伦理概念的民俗基础，而不是儒家基础。同样是在这门课上，我们也重新分析了林耀华先生的东南宗族研究，尤其注意到了《金翼》一书中对东南汉人现代精神变革的分析，这些内容都已经由黄子逸同学撰写并发表了相应的论文。

费老和托尼当时就中国的现代化方案存在过十分严重的分歧，托尼坚持认为中国应该重走尼德兰和英国的园艺改革之路，而费老则强调村落手工业的重要性。这一争论其实直到今天仍旧没有结束，园艺改革和小工业的竞相发展直到今天也是理解中国现代化的核心问题之一。伴随着中美贸易争端的表面化，至少就我接触到的田野状况来说，园艺改革将成为未来相当长一段时间的国家战略，带着费老的思想下田野，仍旧是我唯一能够想到的治学之路。

写这篇文字的时候，正逢母校北京大学 120 周年校庆。我当记者的时候曾经采访过北大的老校长、物理学家陈佳洱先生，他当年筹办北大百年校庆，说起来百感交集。那以后我就大概知道，这种看起来喜庆祥和的庆典，总是会带来些意料之中的变化，而且大部分时候都是越变越不完整。能保持对这种不完整的反思，也算是有了继续努力的希望。

人类学的修行

杨德睿

我是 2003 年从伦敦政经学院人类学系毕业的博士，我的博士论文指导教授是石瑞（Charles Stafford）和王斯福（Stephan Feuchtwang）两位先生。石瑞教授是致力于提倡认知人类学的宗师莫里斯·布洛克（Maurice Bloch）教授的弟子，专研中国儿童的认知与学习，而王斯福教授则是著名的中国民间宗教研究专家，这两位导师的专业领域联合塑造了我的学术方向。我的专业领域大体上是宗教人类学，但详细地说，我的兴趣一直都在于以"文化传播（cultural transmission）/学习的人类学"的视角、概念去研究宗教的传承、传播。我第一个研究对象是上海的道教，博士论文的田野调查就是在上海道教学院和上海的十多个宫观中做的，我对这个课题的关注一直持续至今，但从 2005 年到南京大学任教之后，我又开发了一些新的田野点，对一些别的汉族民间宗教做了点研究，但是我关切的问题大体上没改变过，一直想搞清楚的就是宗教传播/传承的成败因素，以及宗教怎么随着传播/传承的进展而变异。沿着这个核心思路一路走来，我从三四年前开始和黄剑波、陈进国二位教授合作在宗教人类学界倡议展开针对"修行"的研究，因为"修"或"修行"是在中国文化的语境里把宗教和"文化传播/学习"连在一起最直白的联结点。

怎么用人类学来研究中国人的修行呢？我的构想是：首先得把宗教的修行去神秘化、去个体化，认清它是一种可观察的、集体性的社会文化现象，是琳琅满目的各种"文化传播/学习"现象当中的一种类型，然后开始以田野调查等方法对这类"文化传播/学习"的三个主要维度——环境/制度框架（也可以比喻成语境）、媒介和信息形式——进行经验性的研究，然后分析各维度上的一些特征怎么造成了不同的认知后果。把以上的学术语言翻译成"人话"，就是说我们要研究的是一群信众选择遵循某种法门（通过某种特定的传习语境、媒介和信息形式）去修行，结果他们究竟修到了什么，也就是学到了什么。在理清了这些经验现象之后，我们最后再来分析它们如何能对我们揭示出当代中国文化的一些普遍、重要的性质，换言之，我们的目的是要通过修行这个窗口去观测当代中国文化的某些重要特征，而不是为了发掘出某种究极的修行法门。

学术自我

——不再××人类学

张志培

　　除了自己的研究方向之外，出席这次会议之前，我预期参与者可能会陈述各自所从事的"人类学"是什么。然而，我感到有点诧异的是，大家好像已经对"人类学"达致共识，指的就是"不需要讨论"的"社会/文化人类学"。事实上，在座的参与者（含本人）所从事的人类学工作，就我所知，聚焦在不同的分支、民族志区域、社会/文化现象。如果我们把"中国人类学"扩展至"世界人类学"（world anthropologies）来理解，我们也许会发现"中国人类学"可能是学术发展全球化与在地化之间互动关联的结果（不必要纠结"中西"问题）。我们所理解的人类学，除了欧美主导的，还有各式各样的人类学在世界各地根据其复合的学术传统（本土与海外、"学院派"与"官学"）、高校人类学系设置、学科分类、"民族国家"构建过程（"人类学对它有何用处？"）、民族志区域、接受欧美理论的程度等而发展，可惜我们往往忽略掉了这些情况。在这些背景下，中国人类学在自己的学术制度土壤中成长，演变出多元且复合的人类学，但其结果却（间接或直接）导致对人类学的研究对象进行（美式四分支或欧陆简约式）区分，这不单是学术分工与学术资源争夺的问题，也牵涉我们如何理解社会/文化人类学中的"社会/文化"与"人"。人类学从业者对这些学科的核心概念有不同的理解或各自的诠释，这对我们规划人类学课程与发展人类学学科有重大的影响。

以我个人作为"民族志例子"，我的主要研究是分析国家政策与其在地方落实中的国家与社会的互动关系。通过"政策"（现代国家科层知识）作为切入点，我的研究也触及国家、抗争（维权）、法律、地方治理等被认为是政治科学的研究。我将我的研究方向姑且称为"政策人类学"（Anthropology of Policy）。数年前，当我初到厦门大学人文学院人类学与民族学系工作时，被认为是做政治人类学、社区等研究的。而在这次会议中，有老师认为我的研究偏向社会学。"分类"是人类认知的能力，但同行之间对研究方向进行"分类"，某方面来看，凸显出对"社会/文化"领域进行的划分。尽管人类学家谈的所谓"整体观"（holism）有一定问题（例如心理学的格式塔、稳定的功能系统等），但整体观依然是人类学的核心价值与概念之一。人类学家通过持续且细致的民族志研究，从未间断思考整体的社会/文化，修补对立的社会/文化认知（文化与自然、抽象与物质、单一主体与多主体、人与动物、心与身、自由解放与监控等）。偏向政治科学或社会学的"政策人类学"好像与这些毫无关系；然而，这正是我要反思的地方，也是我这几年把博士论文章节修改出版的文章所讨论的。例如，"非人性"（impersonal）科层知识的政策被农民用道德话语去理解；政策文件不仅是文本知识，还是物质性知识，作为地方农民想象遥远中央政府的物质媒介；政策虽然可以指导我们的行为，但也是自由解放的策略手段（如"以政策法令抗争"）；政策制定者置身于社会网络中，政策本身既是政策制定者的结果，也是多元能动者的结果。

理论与实践不可分割。政策研究是跨学科的领域，人类学一直以来都参与其中，特别是发展项目与其他国家政策导向的人类学分支。国内人类学学界强调的"应用人类学"，是学术实践行动参与公共事务，担当社会发展（与公益/公义）的责任（我个人觉得最好的例子是"公平贸易"，虽然不是由人类学家所提倡的，但经济人类学的浪漫让我们有理由去谴责资本主义的邪恶与贪婪），也是面对学科竞争的策略性手段，对人类学的合法性地位进行强化。然而，"应用人类学"、"公共人类学"与"担当人类学"（在行动过程中地雷满布）强调其实用性，与构建理论并不抵触，而且是相辅相成的，在实践过程中看清楚前路（例如，政策不只是快速强行执行，技术性解决眼前的问题，结果可能产生更多预料之外的后果）。

不管是哪一派或分支的人类学，我们不要忘记人类学的初衷之一：整体视野。我从本科、硕士到博士，一直被灌输；同样的，现在我也灌输给学生，强迫他们喝下这碗"鸡汤"。从改革开放至今，屈指一算，人类学将近发展了四十个年头，在经典的结构功能论人类学分支（政治、经济、亲属等）基础上发展出许多的分支人类学。原则上，人类学什么都可以研究，但不是什么都可以变成人类学分支——如果没有理论观点、方法论问题、论证等学理基础，可能面临缺乏整体社会/文化视野的危机。人类学分支可以无限发展下去，但结果可能是，人类学在中国变成支离破碎的"××分支化"现象。因此，这也同时关系到人类学课程设计的问题，学生是否掌握人类学的整体观或更加开阔的社会/文化观，不等于他们修读过多少"××人类学"，就是说把无数的"××人类学"加起来不等于整体人类学。同时，人类学家太过于强调自身的"××"范畴，将忽略整体的人类学本身。

与人类学相遇，是我今生最大的幸福

赖立里

很多人都知道我的中医学习背景，这也是我"自然而然"地从事医学人类学的缘由。但其实我更愿意说我从事的是知识人类学（Anthropology of Knowledge）研究。

当年，我在北京中医药大学的本科学习以及之后留校工作的经历带给我很多关于科学以及科学化问题的思考。于是我在北卡罗来纳大学教堂山分校的硕士论文将中医作为着眼点，在STS 的框架之下，考察了中医院校的"科学化"话语；具体来说，"科学"的身份和含义是我考察的关键。具体是通过比较1930 年代和 2000 年代的科学化——尽管是以中医为研究对象，研究的目的则是观察一个历史深厚的本土知识与实践的现代遭遇，以及从中折射出的当代中国社会无所不在的"科学"如何逐渐在地化的历史过程。科学，尤其是科学主义已经成为当代中国举足轻重的一个意识形态，科学人类学研究对于把握当代社会尤其具有重要意义。

同时，我的跨学科背景形塑了我对物质性生活的人类学研究（anthropologyof material life）的研究兴趣。具体来说，这样的研究将身体、实践，以及日常生活都作为一种唯物主义研究的客观对象，同时将它们置于深刻的历史与文化场域中进行分析。在我的博士论文田野调查中，我坚持认为村民的身体本身即具备鲜活的主体性：衣、食、住、行、谈话、劳作、回忆过去、筹划未来，这些活动都可以看作唯物的实践活动来加以分析。正是在这样的方法论指导之下，我的博士论文从空间、身体、日常生活及社会实践等方面，探究了 1949 年以来制度化的城乡二元的社会结构对普通村民生活产生的深远影响。这一研究基本还是在经典的文化人类学框架之下进行的，着力考察村民的日常卫生、社会交往、历史记忆及文化等方面。经过这个博士论文研究的人类学成人礼，我正式将我的学术规划定位于文化人类学之下的知识人类学研究。

回溯毕业之后的所谓学术经历，我主要做了这样两个研究：

一、关于民族医药的人类学研究

这是我与美国芝加哥大学人类学系冯珠娣（Judith B. Farquhar）教授的一个合作研究项目，此项目以国家中医药管理局承担的科技部重大课题"抢救性挖掘、整理少数民族传统医药"为背景进行。主要致力于理解傈僳、阿昌、壮、瑶、土家、羌、黎族等七个民族的传统知识与实践；在当下国家主导的重建少数民族医药知识体系的高瞻远瞩战略中，以及围绕着传统医药知识产权的全球政治中，这些既古老又新生的民族医药如何确立自己的知识体系并获得传承。本研究项目以知识体系而不是某一群人或者某一特定社会作为研究对象，这对于人类学研究来说还是一个相对较新的领域。

我们提出的具体问题主要包括：如何理解知识生产过程所包含的异质多样的实践，这些实践如何帮助我们了解传统知识建构为现代知识体系的过程？对传统知识的规范化使得国家甚至全球的医疗传承成为可能，如何理解知识的规范化对这些长期以来都处于分散和"经验性"状态的传统知识起到的效应？这些问题都围绕着传统知识的现代处境及其生机展开讨论，在当代中国具有相当深刻的现实意义。

同时我自己的关注点也包括依然处于现代化进程中的中国行政体系在当下特定的社会、历史、政治情境中如何治理知识（governmentality of knowledge）。

二、关于高新技术的人类学研究

我自 2013 年即开始了一项关于辅助生殖技术的社会影响的人类学研究。这一研究的主要目的是呈现关于生殖技术的交错、并置的多重视角，以及这些视角如何描述和解释与这一高新技术相关联的实践及其相应的伦理问题。关注的重点是接受辅助生殖技术的夫妇们对这一技术的期待、认识、经历和评判。

辅助生殖技术的外行知识与专业知识在不孕不育人群中的博弈与实践，也是我的知识人类学研究的系列之一，同样涉及处于边缘的非主流传统知识与民间知识（folk knowledge）在现代社会的处境、历史与未来。同时，这一研究还关注辅助生殖

技术对亲属关系、社会性别、老龄化、婚姻体系的变迁、家庭
形成等社会科学领域基本认识所产生的极大挑战和深刻影响，
这也属于知识体系人类学研究范畴。

人类学让我从深陷其中的"中医是否科学"的迷茫中走了
出来，我对人类学以及 STS 有着非常强烈的认同感，很庆幸自
己找到了愿意从事一生的事业。与人类学相遇，是我今生最大
的幸福。

我与泰国的不解之缘

龚浩群

从我 2003 年首次赴泰国开展田野调查至今，已经过去了十几个年头。在此期间，一方面，我自己经历了工作和生活中的许多变化，尤其是在 2010—2011 年赴哈佛大学人类学系访问期间，增加了对于美国社会的宗教与政治生活的认识，再回过头来审视过去的研究和现在的泰国社会，视角和思考点都发生了转变。另一方面，泰国自 2006 年的军事政变之后就一直处于接连不断的政治危机当中，当我 2009、2013 和 2015 年再回到曲乡时，我感到乡村生活中处处显露着人们的焦虑和迷茫。因此，在今天回顾十几年前的研究，总有些时过境迁的感觉。尽管如此，我深信每个社会都有不同的面向，人类学者凭借在场体验而形成的叙述在很大程度上取决于自我与他者相遇的特定时空。

一、到海外去：兴奋与忐忑

2001 年，我来到北京大学社会学系攻读人类学博士学位，师从高丙中教授。当时我特别被费孝通先生的著作打动，很希望到费老年轻时代调查过的广西大瑶山地区做研究。为此，我和高老师谈起自己的想法，高老师让我先读书，博士论文选题可以稍后再定。2002 年初，高老师到加州大学伯克利分校人类学系访问，他在电子邮件中谈到："在这里的人类学系，师生们的田野调查点遍布全世界。在中国，你们年轻一代应该做一些新的事情，到海外去做田野。"高老师的话触动了我。可是，世界这么大，去哪里，做什么，怎么做，一连串的问题冒了出来。对我来说，泰国似乎是一个不错的选择。泰国是黄袍佛国，近代以来没有经历过大的战争，国民性情温和，国家也比较开放，总之，是一个让人感到亲近的国家。高老师对我提出了两点明确的田野规范要求：一是掌握当地语言，二是以一年为周期，做一个长时段的调查。2002 年 9 月，高老师回国，他当时正准备以"社会转型过程中公民身份建构的人类学实证研究"为题，申请教育部的重点课题资助，他希望这个项目能够资助我去泰国和另一位博士生宝山去蒙古国的调查经费。也就是说，当我们决定到海外做研究时，经费还没有完全落实。但时不我待，我马上开始了泰语学习，并且开始研读与公民身份相关的社会理论。后来，高老师顺利申请到了该课题，这笔十万元的课题费资助了我和其他几位同门分别到泰国、蒙古国和马来西亚的调查费用。

在理论准备过程中，我当时所接触到的经典政治人类学理论不足以用来解释后殖民处境中发展中国家的政治状况，而与公民身份相关的社会理论为我们提供了概念框架。不过，公民身份理论是在二战后西方福利国家的发展过程中提出来的，这样的概念体系在泰国能否适用，泰国在公民身份建构方面的特殊性又是什么？我在研究的一开始就充满了疑问。

至于泰语学习，我从2002年9月开始学习泰语，到2003年2月赴泰国调查之前，完成了《泰语基础教程》的第一册和《泰语三百句》的学习。泰语是拼音文字，字母较多，书写和发音规则比较复杂，学会拼读是最关键的一步。真正做到能用泰语交流和阅读泰文，是在后来的田野工作中实现的。现在想来，当时到海外做田野的各种条件并不成熟，我是在老师的鼓励下凭借初生牛犊不怕虎的勇气迈出了第一步。

二、进入曲乡：我的田野工作

2003年初，我前往泰国开展田野工作。承蒙北京大学东语系傅增有教授的指导，我顺利成为泰国朱拉隆功大学政治学院的访问学生，并有幸得到该院院长阿玛拉教授的指导。阿玛拉教授从华盛顿大学人类学系获得博士学位之后回泰国任教，她在20世纪70年代编著过关于泰国农民人格研究的文集，从九十年代开始关注泰国的公民社会。在读了我的研究计划之后，阿玛拉教授问我是否愿意到泰国南部研究穆斯林社会，或者到泰国北部研究山地民族，或者研究性别平等问题。我感到我们之间对于公民身份研究的理解视角有所不同。公民身份以基于一般性和平等性的成员资格为基础，如果采取从边缘看中心的视角，有利于检验公民身份的实现程度以及少数族群与主流族群之间的差距和矛盾。但我更希望了解泰国的普通民众如何理解和实践他们的公民权利。阿玛拉教授得知我的意愿后，建议我在泰国中部的乡村进行调查。阿玛拉教授的同事素丽亚研究员帮助我与曲乡的一户人家取得了联系，素丽亚在 20 世纪 60 年代做社会调查时，就认识了这家人。

　　曲乡位于泰国中部的阿瑜陀耶府，距离曼谷只有一个多小时的车程。平姐后来对我说，泰国人"同情心泛滥"，他们觉得我一个女孩子只身在异国他乡不容易，愿意帮助我。事实上，同情这个词常常被我遇到的村民挂在嘴边，尽管我为自己做的事情感到自豪，充满历史使命感，可是村民们更关心我是不是想家，爱不爱吃泰餐，整天骑车到处转累不累，会不会遇到坏人，学泰语是不是太难，钱够不够用。在他们眼中，我就是个值得同情的孩子，他们为我设想了田野调查中可能遭遇的一切困难。

　　语言学习是一个由表及里的过程。第一次和平姐去寺庙的时候，我问平姐要不要带上礼物，平姐说去寺庙不是送礼物，而是做功德。在后来的日子里，我参加了数不清的各种礼仪和节庆中的做功德仪式。功德这个词对于中国人来说并不陌生，但是，泰国人却以此来判定人与人之间的所有关系。在我的田野调查中后期，我已经能够和当地人较为深入地交流。平姐问我为什么选择到曲乡来，我有些奇怪平姐为什么这么问，因为素丽亚研究员认识平姐，是她推荐我来的，平姐对此完全知情。平姐又问，素丽亚在很多乡村做过调查，为什么非让我来曲乡呢，要知道，全泰国有七千多个乡。我被平姐问住了，平姐这时才说"这是因为我们在前世曾一起做过功德"。在当地人看来，无论朋友关系还是亲属关系，这辈子人与人之间的情义或瓜葛都是前世功德的衍生结果。

平姐的父亲元大爷是村里最活跃的人物，他既是寺庙的替僧人办事者、仪式主持人，也曾担任过村长、乡议会主席等职务，还是老年人协会、火葬协会、灌溉协会等多个社会团体的负责人。我在田野里的最初两三个月经常跟随元参加宗教仪式和各种会议，元的外甥领兄因为失业，暂时担任了元的司机的角色，并充当了我的泰语老师。在曲乡生活了三四个月之后，我逐渐可以与当地人进行日常语言交流，并开始独立和村民接触。所幸的是，泰国早在 20 世纪初期就开展了义务教育，大多数村民都可以担任我的泰语老师，教会我对话中关键词的拼写。从调查中期开始，我的调查范围逐渐从宗教生活扩展到社会生活的多个层面，包括政治选举、乡村自治实践、公民教育、合作社、医务志愿者等。

在曲乡，我遭遇的最深刻的文化震撼来自宗教。人们对于佛三宝的虔敬之心融化在一言一行之中。对于前世的设定，对于来世的肯定和憧憬，引导人们避免在当下与自我和外界的纠缠，这表现在人们面对死亡时的淡定，面对人际冲突时的沉默，以及对身外之物的舍得心态。在温情、和善和通过语言与身体姿态表现出的礼仪秩序的背后，是人们对于人与人之间的适当距离的小心维系，执着和过于强烈的情感体验——无论大悲或大喜在当地人看来都是不合时宜的。另一方面，曲乡寺不仅是举行葬礼和节日庆典的场所，几乎所有的公共生活都以曲乡寺为中心：集市、公立学校、乡卫生院、乡自治机构都设在寺庙的地盘上，寺庙凉亭也常常是社会团体开会的场所。可以说，现代社会机构是以寺庙为基点生长出来的。当地的社会精英除了官方机构的领导，还有德高望重的僧人。当时的县僧长是一位博学之士，我到曲乡后不久，平姐的家人认为我应当去拜见僧长。诲人不倦的僧长为我讲授佛教教义，无奈我的泰语水平十分有限，佛学术语对我来说实在是佶屈聱牙，不过我记住了一句话，"世界有两个部分：一部分是看得见的，另一部分是看不见的"。我常常想起这句话。实际上，田野调查不也是为了把握看得见的现象背后那些看不见的事物之间的联系吗？

在我调查期间，正是 2001 年上台的他信政府最辉煌的时候，他信带给乡村农民发展的信心和现代化的蓝图。他信政府推出乡村银行计划、免费医疗计划，增加乡自治机构的预算，还许诺要让所有的乡村孩子用上电脑；同时，在警察严厉得近乎恐怖的打击措施下，毒品和毒贩几乎在乡村绝迹。这一切都成为村民们的谈资。村民们参与选举投票的热情高涨，"不使用权利就失去权利"成为了选举宣传时的口号，当时全国性的选举投票率高达 90% 以上。当八岁小男孩阿满以崇拜的口吻与我谈论他信的时候，当十岁男孩更向我"普及"泰国民主与宪法的时候，我切身感受到民主政治的理念在当代泰国是如此深入人心。而此时，关于贿选的批评也不绝于耳。我的一位在曼谷的朋友就曾对我说乡下人不懂选举，谁给他们钱他们就选谁，这和主流媒体的说法如出一辙。但是，通过我对曲乡的地方议员、票头和村民的观察，"贿选"行为实际上是地方政治家、村民和法律权威之间的博弈，而"贿选"成为与社会分层相对应的社会话语则反映了中产和精英阶层对于大众民主的兴起所抱有的保守心态。

我在田野调查中时刻感受到各种张力。我的主要报道人之一元大爷常常在早晨去寺庙主持仪式，上午回到家中换下正式的泰装后，马上又要去县城或府城参加政府机构或社会团体的会议。宗教、地方政治和社会团体的各种活动在他的生活中交织在一起，他也自如地在宗教与政治社会的场域之间转换，可是，对我来说，如何解释不同社会生活领域之间的联系却是不容易的事情。在曲乡，宗教是构建人们日常生活中时间与空间维度的最重要因素，宗教与政治、现代性与传统之间的关系十分暧昧，如何从公民身份的概念出发来进行分析？人们如此看重功德，敬奉王权，这与人们的民主观念和政治生活之间又有什么关系？

2004 年 2 月，我在曲乡的调查结束。在最后几个月里，我能够比较自如地用泰语和当地人交流，做了不少访谈，也阅读了地方文献。一天，在我向客人行合十礼的时候，平姐的妹妹称赞我的行礼动作柔和得体，"像泰国人一样"，我才意识到自己在模仿当地行为规范的过程中身体姿态所发生的改变。但是，另一件事情却让我强烈感受到自己与他者之间无法克服的文化距离。2004 年初，曲乡的卫生院要举行施布礼（原为信众为僧人布施僧衣的仪式，泛指公共机构的募捐仪式），筹资扩建卫生院。为了表达我对曲乡乡亲的感激之情，在与乡卫生院院长商量之后，我向卫生院捐赠了一台冰箱。施布礼非常热闹，许多在外地工作的曲乡人向同事和好友散发施布信封（信封上面写有施布礼的时间、地点、目的等，愿意捐赠的人在信封里塞钱），大大扩充了捐赠数额。当僧人们准备在卫生院大厅念诵吉祥经时，我正和各个村的医务志愿者们（大多为女性）为施布礼准备食物。这时，元把我叫到大厅，让我在僧团对面席地而坐。元用白色的吉祥纱系住我的手腕，再用这根吉祥纱在新冰箱上缠绕，接着吉祥纱经过佛祖塑像前，最终被前来诵经的僧人们一一握在手中。元告诉我，我会因为布施冰箱而获得功德。僧人们念诵吉祥经时，我产生了时空的错置感。在我看来，捐赠冰箱只是一种世俗行为，是我为了回馈曲乡父老而赠送的礼物。可是，在当地人看来这却是宗教行为，我所布施的物品最终会在今世或来世回到我这里，这是功德而非礼物。

三、民族志写作：文化翻译及其问题

民族志写作的第一步是整理田野工作中的各种笔记、访谈资料和地方文献，面对的主要问题在于：近乎一年的田野调查汇聚了点点滴滴无数的场景与细节，如何使之成为连贯的、具有内在关联的表述对象。第二步才是通过阅读和分析其他文献，来思考如何用民族志研究回应前人的相关讨论，并对民族志资料进行裁剪和阐释。第一步越快完成越好，不宜被打断，这样能尽量将头脑中鲜活的田野感受融入到文本中，也能比较好地获得民族志文本的整体性。我比较赞成先完成民族志，然后再进行各单篇论文的加工。

1. 地方知识中的核心概念

民族志写作可以被理解为文化翻译的过程，对于地方知识中核心概念的选择和阐释构成了作者看待他者的特定视角，也是作者开展理论讨论的基础。我在写作过程中突出了当地人的功德观念。在当地人看来，功德是个人生命价值的终极追求，任何一个社会共同体——无论家庭、社区、学校、公司还是国家，都应当是一个功德团体和道德共同体，这也是当代泰国民族国家意识形态的观念基础，当地人的公民意识离不开他们对佛教徒和臣民身份的理解。关键的问题在于，如何解释宗教观念与政治实践之间的关系。当地人一方面称赞极少数政治家的波罗密（代表佛教中理想的道德品质），另一方面认为政治通常是肮脏的，这体现了分裂性和竞争性的政党或派系政治与道德共同体观念之间的冲突。过去的研究者将泰国农民描述为"非政治的"，认为泰国农民在庇护关系下缺少进入政治空间的意识和机会。但是，从曲乡的案例来看，在当代民主政治体系的演进中，泰国农民面对的问题不是能否和是否积极参与政治实践，而是如何赋予政治实践以道德意义的问题。而泰国的中产和精英阶层对于乡村"贿选"现象的指责，从更广泛的社会层面反映了当代泰国民主实践中的道德困境。

2. 细节的意义

在写作民族志的过程中，我感到对于细节的解释非常重要。西方学者关于南传佛教的研究中有一个突出论点，即南传佛教是一种个人主义的宗教，每个人都是业的承受者，关注的是个体的功德积累。但是，我在调查中发现了一个有趣的现象，即这种佛教仪式中都有洒水的环节，人们通过洒水将自己获得的功德送达亲人、朋友和所有孽主（包括人类和其他生命）。也就是说，人们总是在与其他生命分享自己的功德，个人生命形式的完善是以个人与其他生命之间的关系的完善为基础的。这个仪式细节帮助我从社会学的意义上去理解当地人的功德观。

3. 社会冲突与社会变迁

2005 年 1 月，在我的论文答辩会上，答辩委员指出论文中描述的乡村生活十分温情，佛教似乎成为了促进社会整合的重要因素，那么，该如何理解当代泰国社会中的冲突呢？我在论文中谈及城里人和乡下人的政治分歧，但我没有预料到一年多以后发生的军事政变，更难以想象在接下来的十年里泰国所经历的街头暴力和政治动荡——至今仍余波未平。不过从近年来泰国的政治情形来看，虽然他信仍流亡海外，但是后来的各届政府都延续了他信政府开创的某些惠民政策（比如免费医疗），他信的政治遗产影响深远。

2009 年 7 月，我在泰国国内新一轮的政治抗议浪潮中回访了调查点曲乡和朱拉隆功大学。相当多的曲乡人参与了百万人签名活动，向国王请愿要求赦免前总理他信。我的房东一家在一次晚饭的时候就关于他信的不同评价发生了激烈的争辩，这种情形在我之前近一年的田野调查中是没有遇到过的。阿玛拉教授此时已经从朱拉隆功大学退休，刚被任命为泰国国家人权委员会的主席。在 2006 年 2 月，阿玛拉教授作为朱拉隆功大学政治学院院长在知识界率先发起倒他信运动，她联合政治学院的其他教授签名，要求他信总理辞职，成为倒他信运动的舆论先声。然而，在我见到阿玛拉的时候，她坦言曾以为他信下台后国家形势会好转，但是现实不仅令人失望，还有可能变得更复杂。

在曲乡和曼谷逗留的五个星期里，人们对于现实的焦虑和关切，再加上媒体激烈的政治言论都令我的心绪跌宕起伏。我所查阅文献的关键词虽然还包括佛教，但是我开始关注反叛的丛林僧人和新兴宗教运动；我仍关注社区研究，但是社区权利运动更加引起我的兴趣；在泰国的传统政体之外，前共产主义知识分子和左派思想家开始在我的耳边发出他们的声音。此后几年，我试图从多个方面理解泰国社会内部的异质性和社会冲突。为此，我考察了泰南马来穆斯林社会对文化同化政策的抵制，在泰国边远的丛林地区发生的宗教、政治和文化权利运动及其对主流意识形态的影响等。从 2013 年开始，我在曼谷开展田野调查，研究城市中产阶层的修行实践，体察到在追求入定和内观境界的身体化宗教实践的背后，是人们对全球经济风险和国内政治冲突的不安，以及中产阶层试图以个体化方式寻求精神解脱的努力。

最近一次回到曲乡是在 2015 年初，这时距离我在曲乡的调查已经过去了十余年。曲乡最大的变化在于，乡行政自治机构从曲乡寺搬离，机构专属的两层办公楼成为了曲乡的新地标，寺庙不再是当地社会唯一重要的公共空间。泰国全国青年佛教协会在曲乡建立了一个内观中心，曼谷等地的城里人可以在这里打坐修行。这些都是意味深长的历史性转变。

当代艺术研究实验原理

冯　莎

　　我的研究方向对各位来说可能更加"跑偏"。我的研究方向是艺术，但是一直以来我研究的不是"民族艺术"，即被认为是艺术人类学经典领域的那部分，而是一个在人类学意义上更大范围内可以被称之为艺术的东西，包括制度化或美学化的"准艺术"。这样说是为了在概念上建立所指，但对艺术本身而言，其实很难如此这般划分，划分取决于我们的感官经验，这是人类学的基本看法。如果说人类学对非西方艺术的关注源于对人类艺术经验的拓展，那么就民族艺术而论民族艺术，同样不利于我们对艺术的感知和理解，尤其是当"艺术"已经作为一种先在的知识和话语而存在时，我认为人类学家对"准艺术"的把握是必须要做的工作。另外，作为一个少数民族，我感到似乎所谓的民族问题最终都不是"民族问题"，而可能是诸如政治、经济、阶级等其他问题，因此我对"民族艺术"的常识性判断保持警惕。并且，目前国内的民族艺术研究总是做成非遗研究，相应的，民族艺术都被做成非遗，对我个人而言，这是有问题的。

　　我的主要研究内容是当代艺术（这并不意味着只关注当代艺术，原因如上），也把当代艺术作为一种研究语境和途径。一般来说，大家对当代艺术的印象就是那些很"奇葩"的、令人费解的东西。实际上，这是因为它挑战了我们的艺术常识，而这种常识来源于历史制度与文化经验，它使我们意识到，我们所识别出的"艺术"皆有来源。为坚守这种挑战性，当代艺术往往让渡其在制度上的合法性，这与"非西方的"、"民族的"、"边缘的"艺术异曲同工，让我感到，当代艺术的实践方式与人类学对艺术的观察之间存在一种默契。同时，当代艺术自身也成为一种制度或语境，今天即便是民族艺术也生存在一种当代艺术的语境中，这些生产艺术知识的制度、制造民族艺术当代面貌的方法，都是非常当代化的（或"现代化"的，关于当代和现代的关系，是另一个被艺术暴露出的问题，在此不赘述），比如博物馆、美术馆系统，双年展、策展人制度，以及各种在地实践等。

我对当代艺术感兴趣的另一个原因，与我做博士论文时的体会有关。我的博士论文是对当代旅法华人艺术家的研究，田野工作在法国完成。当时最大的感触是，我很难用文字的东西去描写艺术。我觉得可能与文字、语言相关的表达和艺术的表达的确在基本逻辑上存在差异（这一点我认为列维-斯特劳斯仍然有效，当然这取决于怎么理解他），通常我们容易看到它们的表现方式和效果是不一样的。这让我思考艺术的本体，到底什么东西叫做艺术？人类为什么需要艺术？如果文本不足以研究艺术，那么用艺术来研究艺术行不行？于是，我选择了本身即作为一种研究实践的当代艺术作为实验途径。当代艺术的范畴非常广，它面临的很多议题都与人类学极为相似，在工作方法上也有诸多共识，比如做田野，当代艺术家大多不说做作品，而是说做实践、做项目或者做研究，这些都使得人类学对当代艺术的研究成为可能，在实际操作层面上也具有可行性，不难找到可切入的角度。

更为重要的是，我发现当代艺术家对世界变化的反应及其问题意识十分敏锐，经常超越了我们这些做人文社会科学研究的学者。而他们的反应方式又相当自由、天马行空，可以用各种各样的形态去表述，也敢于提出假设和问题，不像学者那样受困于一种学术生产的惯例，比如我们写一篇文章，需要大量的证据、引文，或者对一系列理论进行回顾及回应，以彰显我们所言非虚；事实是，我们明明在生产知识但却不能承认知识的生产性，而要将合法化的过程自然化。当然，艺术必定受制于其他惯例，但它始终追求自由，这使得艺术自身蕴含巨大的能量和张力，这一点在当代艺术中尤为明显。由于艺术家熟稔社会文化理论与知识生产策略，研究当代艺术时，人类学家与艺术家的关系被真正拉平，人类学家很容易遭受质疑（或被狠狠嘲讽），使得人类学的反身性也被充分激发出来。换言之，虽然人类学在"写文化"之后反思了人类学及其对象的关系，强调"共同生产"，但是在大多数情况下，人类学家仍然掌控言说的权力，这一点在当代艺术研究中被真正改变。所以我觉得，当代艺术是一个非常有意思的、并且人类学能够去研究、还能对人类学理论有所突破的领域（而不是"××人类学"分支）。

不过，做当代艺术研究给我造成困境也是因为它的领域太广泛了。当我说我做有关当代艺术的人类学研究时，大家可能会问，你做当代艺术的什么？或许大家期待一个关于分类的回答。由于当代艺术的形态不太一样，这个问题变得难以回答，比如我不能说是音乐、舞蹈或其他媒介，媒介分类对它不适用，我也不能说是人群、作品还是政治、经济、制度，因为它们共同构成当代艺术实践的显在因素。但是这样的提问会让我有意识地去想这个问题，我发现我的回答很多时候取决于对象。其实做其他研究也存在这个问题，但研究艺术使这个问题更加凸显出来，我想这正是艺术的效果。如果提问的是人类学家，那么我根据他的思路，大概会说，我做的是某个地区某个艺术家群体的某个活动；当与艺术家谈论这个问题时，可能我会说，我做的是某类在地项目，或者当代艺术实践中跟"人类理论"有关的某些问题。之所以称之为"人类理论"而不叫人类学理论，是因为人类学家经常自认为有些问题是人类学家所讨论的问题，但是对艺术家来说，这并非人类学家发明或独占的问题，而是各种知识都在讨论的问题。这也是做当代艺术研究对我的一个启发。

刚才我听很多老师谈到，他们可能是从其他的知识背景和角度，例如医学，发现了人类学研究的贡献。我的自省过程正好相反，或许因为是人类学背景出身，我反而乐意跳出人类学，比如从艺术中看到人类学研究的困境，并希望吸取艺术的经验。我们都说，好像看上去人类学家最了解世界，人类学的理论能够解释很多问题，但是反观之，人类学能从其他学科学到什么？在学科的交流中，是什么凸显了人类学的不可替代性？这也关乎我们后面将要讨论的，到底什么样的理论叫作人类学理论。

就艺术研究而言，我认为人类学要对艺术本体有所阐释，而不是将其作为一个与其他社会文化事项别无二致的例子。在这个意义上，并非所有以某种艺术为话题的人类学研究都叫作艺术人类学研究。同理，艺术的特殊性或许产生研究方法上的要求，例如"艺术民族志"，但并非凡是以某种艺术为话题的民族志都叫做艺术民族志。

20世纪90年代，美国的当代艺术界有一个现象，按照哈尔·福斯特（Hal Foster）的话说，叫作艺术家嫉妒人类学家，用人类学的理论和方法来做艺术成为时髦。时至今日，至少我的一个焦虑是，人类学家似乎必须努力进入其他领域，变成其他某某学家（或某某分支人类学家），或化身为如今流行的"斜杠青年"。我也训练自己用艺术家的方式或艺术的思维来看待世界，这种方式会带来更为直接的体验，使一些莫可名状的问题变得简明。我目前正在尝试的一个进路是合作实践，与前面提到的用艺术研究艺术的设想和实验有关。鉴于当代艺术越来越偏向于实践这样一种状态，如果更加难以用过去的研究方法来呈现，诸如史学、文本化的艺术批评等，那么以超越本文的、多感官的实践研究或许是一线生机；但合作实践并不是只用来研究艺术，它所面对的是整个人类经验。

与艺术家一起工作，通过艺术体悟人类学，使我的工作充满刺激与挑战。这一尝试需要克服很多制度上的问题，比如，我们能不能接受让人类学家去做一件艺术作品或一个艺术实践，并将其视为一件人类学作品？而人类学家在做作品时，对象是艺术家还是人类学家？此时人类学家是人类学家还是艺术家？

之所以它们成为要克服的问题，究其原因，至少有一点非常重要，即"社会/文化"原因（参见张志培的学术自述），具体不在此展开讨论，这就回到了我们人类学本身的一个视角。在国内，除艺术学之外，我们很少直接去讨论艺术，人们也不认为艺术是一种必需。我们笼统地把艺术纳入文化、文艺，却没有像对待文化其他事项那样对待艺术，我们还没有把它当作一种对世界的感知方式或者一种世界观的总体呈现来讨论；包括最基本的，艺术与文化究竟是怎样的关系，也有待进一步说明，这些都是本体问题。对任何艺术的研究，都离不开对艺术本体、艺术总体的关照，也始终与人类学的基本认知及整体系统相关联，这是我所理解的人类学的艺术研究（而不是将艺术客体化的艺术人类学），也是我想要做到的。

三山界间见神州

——苗疆、运河与韩国的人类学之路

杨渝东

总体而言，我觉得这十年的经历可以用两个字来加以概括，那就是"折腾"。折腾是指我在不同的地方寻找研究主题。简单来说可以分成三个阶段。第一阶段就是我的博士论文研究。第二阶段是我后来自己有了些想法，到南京周边去开拓一些田野点。这个时间比较短，是因为正好在开拓的这个阶段到韩国去访学了。到了韩国之后受到一点刺激，于是有了第三个阶段，想到韩国去做一个海外研究。这也可能是受本次会议的召集者，我博士班同学龚浩群老师的刺激，因为她做博士论文去的是高大上的泰国，我只能去边远的山区（开个玩笑）。

我今天想谈的就是，这个探索过程中有很多内心的纠结和问题，自己的学术之路又如何在其中予以定位。在第一个阶段的时候，做博士论文，我是 2003 年去云南屏边的苗族，就是人类学界所说的 Hmong 人中做田野。今天在这里还要向刚刚去世的王富文（Nicholas Tapp）老师表达我的敬意，他是研究 Hmong 的大家。我的论文最后讨论的是苗族的国家化的问题。因为 Hmong 严格意义上讲是个游耕的族群，他们长期经营的不是定居的生活。而 1949 年之后，国家把他们固定下来了，那么他们过去的信仰、仪式、社会实践如何在这个过程中发生变化。

现在反思下来，我们当时受训练的时候，眼光确实有点局限。在这个苗族村寨里，看到很多现象，但是不敢去写。比如苗族和汉族的关系，我看到了他们之间在历史上就有联系，相互作用的空间也存在，但最后依然天天去和苗族的老头老太太泡在一起，像马林诺夫斯基不管西方人已经进入特罗布里恩德岛一样写出一个没有与汉人发生关系的苗族。这个事情后来被我的一个同门汤芸做了，她写的"半边山"，就是用地景的切入点把苗汉之间相互的那种关系给写出来了。所以理论视角非常重要，影响到你怎么看和能看到什么。再比如 2009 年詹姆斯·斯科特（James Scott）出版的《逃避统治的艺术》，读了就很震撼，感觉自己在他所讲的地域做研究，却没有找到问题。但后来又与历史学派的人交流发现，不能简单地说"逃避统治"，而更多地应该看到山地族群与国家之间的相互关系。

此后我回访过那个苗寨两次，但受到了一点情感上的冲击，因为田野期间关系密切的两三个老人先后走掉了。苗族是口头传承，有些老人一走，后面就接不上来了，慢慢就不想去了。

苗族的田野做得少了，我就在想在南京能不能就近开辟出什么田野点。2007 年和我们学校历史学系的马俊亚老师交流，他后来出版了一本书叫《被牺牲的"局部"》，讲苏北的。他提到历史上苏北是一个主要靠暴力的社会，里面很少有家族、宗族的概念，更多是豪强，兄弟经常加入不同的豪强队伍。于是我就联想到了曾经过的徽州地区。那里曾经是一个宗族繁盛之乡。而苏南地区在明清之际，宗族力量也很强大。我觉得这两个地域的文化比较很有意思，符合我想做点历史的口味，离南京也比较近，于是就从 2007 年开始跑苏北的宿迁，后来又去了徽州的黟县，想做一些比较研究。在宿迁我看到了大运河边上的一座乾隆行宫，它贯穿苏北和苏南，也贯穿了帝国的南北，它本身构成了一个具有地方性的水利社会，但又包含着帝国的存在。后来我根据苏北的那个调查写了一篇文章，徽州的田野做了，文章还没有写出来。但我发现了一些有意思的现象，希望将来有机会再去补充田野，把它写出来。而就在这个时候，我获得了一个去韩国访学的机会，2008—2009 年在韩国待了一年。于是苏北和徽州的比较研究暂时放了下来。

到了韩国以后，我的指导老师是金光亿教授。当时他也正在为他的一本书收集资料，这本书 2012 年在首尔大学出版社出版了，叫《文化政治与地域社会的权力结构》，写的是他自己所属的宗族"安东金氏"。我后来才知道他是弗里德曼的关门弟子，长期关注中韩宗族与政治。他带我到了安东这个地方，看他们宗族的老人、村落和历史遗迹，参观了安东儒家博物馆，这个是我在徽州没看到的，因为徽州很多祠堂都没有复兴。我当时感觉比较震撼，因为他们确实把祭祖仪式当作一个很隆重的"礼仪"在做，而且一点没有觉得这个是"外来文化"。于是，我就有了到韩国去做研究的想法。我就跟金老师谈这个想法，他表示支持，说比较研究很重要，他就一直在做。之后在韩国还遇到一件事，在此就不多说，后来我决心把方向转向了韩国。

回来之后我便开始学韩语，2012 年第一次去韩国做田野，经朋友介绍到了全罗南道的光州研究光山金氏这个大宗族。此后 2014 年和 2016 年都去过，但遗憾的是每次时间都不长，因为需要回学校上课，很多东西都还只是历史资料，也不敢写东西。今年把资料整理好了写了两篇文章。不过我也很茫然地发现，我们的老师辈，比如王铭铭、景军、张小军、范可、麻国庆等，他们那时都是研究宗族和家的。可是到了我们这一代，这个问题已经过时了，没有人再谈这个问题了，所以我觉得前途渺茫。该怎么办，我也很困惑，不过现在有一个粗浅的想法就是，可以把我这三个阶段的探索结合起来讨论，宗族反而可以被称为一个连接点。

比如 Hmong 那里，王富文先生在《中国苗族》(*The Hmong of China*) 这本书里面曾经花了很大篇幅讲四川苗族里面的宗族。我原来读的时候就不明白，为什么他要写这么多。现在才知道原来苗族早先是没有宗族的，是后来才有的。而在徽州，宗族又是一个曾经兴盛现在不大复兴的状态，在韩国，宗族有消亡，也有像安东金氏和光山金氏这样还在延续宗族事务的。这里面有什么关系，我现在还不知道。我只能很讨巧地用王铭铭老师的"三圈说"来说自己现在在他所界定的三圈里都做了田野和研究，但是苗族山地、徽州村落和所谓"海外"的韩国之间有怎样的联系，围绕宗族能做怎样的比较和连接，这个对我们思考中国的文明有什么价值，我不知道，希望后面的探索能帮我搞清楚一些，也希望大家给我提一些建议。谢谢大家。

（附记：11 月底在重庆大学开会期间，与张原先生讨论宗族问题后，又有很多收获。苗族就其内部而言是一个以亲属关系为基础的社会的典范，社会等级性不强，所以他们在接受宗族时，更多的是接受宗族的血缘性组织法则那个侧面，强调同族的血缘纽带；而韩国却完全不同，在接受宗族之前，韩国是一个高度等级化且政治分化严重的社会，他们在接受宗族时更多接受的是它作为声望等级建构工具的一面，在实践中更强调政治性的表达。而这两者显然与徽州地区，徽商群体大量介入宗族建构又有所不同。）

文化亲昵与我

刘　珩

我第一次接触到文化亲昵这个概念是 2002 年，当时我还在中央民大读博。北大的王铭铭老师组织了一套西方人类学新教材译丛的翻译，而我有幸翻译其中的一本《人类学：社会和文化领域中的理论实践》。我还记得民大的张海洋老师拿着这本书的英文本来到我的宿舍，兴冲冲地对我说："刘珩哥，咱们要翻就翻一本有份量的，这本最厚，我就把它拿来了。"这本最有份量的书，证明翻译的时间也很长，我和其他两位译者花了三年，才最终杀青。如今再回过头去看当初的翻译，很多概念尚未很好地理解，还有不少讹误之处需要改正。

文化亲昵就是这些尚未很好理解的概念中的一个。我当时自然也不知道这个概念已经成为有关欧洲的人类学研究的一个重要标志。该书的作者迈克尔·赫兹菲尔德当时在中国也没多少人知道。这位研究希腊的人类学家能"幸运"地进入中国读者的视野，看来应归功于他在 21 世纪初这个节点上，写出了一部教材。2009 年我有幸获哈佛燕京资助，赴哈佛大学访学一年。合作研究的导师正是人类学系的赫兹菲尔德教授，因此有了更多的机会阅读他的作品。《文化亲昵》就是其中被学界公认最为艰深晦涩、也最为理论化的一本。读完该书，虽然也写了近五万字的读书笔记，但觉得自己的理解仍然支离破碎。不过有一点可以肯定，这部著作是一本在现代民族-国家这一社会容器中指导田野调查的"实用手册"，大可作为人类学家田野调查的必备品。因为民族志的研究更像是一种有关文化亲昵的描写，自我与他者的经验从而得以巧妙地并置在一起。或许该书对于形成这种亲昵具有现实的指导意义，使得这本"最理论"同时也最艰深晦涩的著作目前已经被翻译成八种语言出版，并且英文版连续出了3版。这本书由纳日碧力戈教授领衔翻译，中文版已经出版了。

在访学期间，出于研究的需要，我拜访了罗德岛大学的艾伦教授，更进一步了解了文化亲昵理论的现实意义。作为一个研究希腊的人类学家，艾伦对作为同行的赫兹菲尔德有过这样的评价。首先，赫兹菲尔德提出文化亲昵理论，在学术上的一个重要贡献在于帮助改变了有关欧洲的人类学研究的状况，使得这一领域更多地被学界和公众所承认和接受，其人类学研究的"合法性"地位得到提升。然而在四五十年以前，当艾伦和赫兹菲尔德这一批学者刚刚进入这一研究领域的时候，欧洲在大众看来根本不是人类学家该去的地方。他们该去的地方是非洲草原、太平洋上的孤岛、缅甸的高地或者是亚马逊的丛林。在公众眼中，去往这些地方的人才算是真正的人类学家。而这些"真正"的人类学家们聚在一起的时候，也会谈论起自己在"原始部落"中的种种冒险经历，甚至连染上的疾病比如疟疾等都必须充满"异趣"。在当时，要是有谁提出去希腊做田野，人们马上会觉得这无疑是想拿着钱到希腊海滩晒太阳。然而，赫兹菲尔德以自己的研究帮助改变了这一现状。之后从事欧洲人类学研究的学者的作品变得更容易出版了，找到工作的机会也更多了。

其次，"文化亲昵"这一概念以自己的方式进入了整个人类学的研究领域，已经超越了任何地域性的人类学研究。此前长期左右人类学界的是来自非洲、大洋洲等区域的概念或术语体系，如今，欧洲人类学界也开始贡献诸多"本土"的概念，而赫兹菲尔德无疑是其中最为显著和重要的学者之一。

现在我需要思考的是，文化亲昵这一概念是以何种方式进入中国的研究语境以及田野之中的。这并非没有先例可循，很多学者已经开始运用这一概念认识和阐释衍生自亲昵领域的种种社会和文化现象。石汉（Hans Steinmuller）考察中国乡村中的日常伦理，从而说明乡村社区与国家的种种"共谋"关系。而这种"共谋"关系正好建立在诸多"尴尬"的认同这一亲昵基础之上。冯文（Vanessa Fong）认为孝道这一中国社会特有的亲昵，是青少年民族主义观念得以生成和发展的情感驱动力。李安如对台北捷运的考察表明，一种"愤世嫉俗"的华族特质，如何借助这一公共空间反复塑造了大众的集体身份和认同意识。

受到这些研究的启发，我也希望能在自己的田野中发掘一些文化亲昵元素。从 2015 年起，我在顺义的两家小型农场做田野，目的是想找到食品安全与当下公共空间建构之间的一些联系。从消费者的层面来看，他们努力推动的食品安全公共空间的一个重大指标一直是缺失的。那就是彼此互不相识的个体，包括生产者、经营者和消费者依照公平、透明的原则自愿组织在一起。然而当下的事实是，大家还是要按照中国特有的人情社会的逻辑，依靠亲戚朋友的关系来发展人脉平台，在熟人社会中才不会缺乏最基本的安全保障。关系和人情似乎是制约中国公民社会发展的一个重要因素，我们不得不对此加以重视。对于生产者而言，很多人脱离制度的约束，从国家机关工作人员或者白领变身为现代农民。按道理说，这应该是一群有着高度自我意识的群体。他们应该厌倦了制度的约束，向往着田园牧歌般的诗意生活。然而出人意料的是，他们在自己的农场运作中依然复制了一套官僚式的管理机制和卡里斯马的管理者形象。我调查的其中一个农场主就很享受自己食品安全界的英雄形象，他说进入他的食品安全圈子就像入党，也要经受组织的各种考验，最后才能成为思想和作风都过硬的消费者。显然，无论公共空间的招牌如何千变万化，这些文化亲昵层面所拥有的颇为尴尬的共同社会性，将个体、组织和国家紧紧联系在一起。

事实上，我们完全不需要去到田野，在众人的街谈巷议中随处可闻可见。有一次在大街上，两位闲聊的路人从我身旁经过，其中一位说了一句："腐败的问题不好弄啊，历朝历代都如此。"显然，朝代作为落后封建社会的象征，一个让人颇为尴尬的文化遗产，现在却也演变成为对现实包容与体认的亲昵意识。

文化亲昵就这样进入我的学术研究中，这种刺激恐怕还要持续一段时间。

互为礼物
——我与人类学

卞思梅

  2017 年 9 月 11 日在挪威奥斯陆大学我的博士论文答辩晚宴上，作为主答辩委员的刚从华盛顿大学退休的郝瑞教授（Stevan Harrell），评论我的博士论文是一本"颇有野心"的论文。之所以被称为有野心，是因为短短三百页论文覆盖了多个人类学关注的话题。论文以川西北一个自称"依咪"（羌语 Xxmi）的羌族村落为案例，研究了该村与其所处的汉藏边地区域（Sino-Tibetan Borderland）在过去一个世纪的政治经济变迁、宗教、物权、亲属制度、生态与旅游等方面的话题。事实上，这些因素在这个小小的村落相互关联且"牵一发而动全身"；这种具有整体观的"野心"也是我在田野和论文期间致力想要理解和达到的目的。论文中呈现出的较为整体的民族志书写也与我所接受的人类学训练以及我所理解的人类学密切相关。

  人类学之于我是尽可能全面地了解生活在世界某地的人群的生活方式。正如格尔茨所讲的"人是生活在意义之网上"一样，人也生活在自然与想象的世界里，他们与动植物打交道，与神沟通，与妖魔鬼怪战斗。要认识不同的人类社会，就要认识他们所处的不同语境。语境关乎文化、政治、经济、信仰、意义、实践、制度、历史，甚至包括希望。只有将某个观察到的现象放回到他们本身的生活语境中去理解，才能真正懂得它的意思。当两个来自不同生活语境的人相碰撞时，人类学便可发生。我们写下这些碰撞与理解，结合以往的人类学知识便是民族志。因此，正如很多人类学家的共识所述：语境、民族志和比较研究为人类学的三大基本特征。每一个真正独立的人类学家在他自己的研究里都会不同程度地体现出这三个特征。也正因每个人类学家的背景不一，他的人生经历会为他的研究注入一种吸引人的生命力，反身性的写作也往往让研究更为有趣。在读完多篇青年人类学家的自述后，我更加坚定了这个判断。作为一名刚毕业的博士，受伟华邀约也是诚惶诚恐，我还没有丰硕的学术成果与大家分享，仅能借此讲述一下自己的生命与人类学的故事。

我出生在四川省阿坝藏族羌族自治州茂县土门乡马家村的一户普通家庭。茂县东部是典型的羌汉杂居区，我的母亲、爷爷均是来自德阳地区的汉族；父亲、奶奶则是大山里的羌族。比较幸运的是，父母在改革开放后离开农村去了县城经商。他们的商铺名唤"勤工俭学"，那里便是最初启发我观察周遭的"努尔之地"。县城自古以来便是市场集散地，平日里能见到不少"上山区"的"蛮子"来我们店里买米面茶油，同时也能见到不少外地的汉藏回生意人。与县里人不同的人或说着我听不懂的羌话，或腰间别着藏刀，又或者戴着小白帽；外地生意人的川话又与我们茂县人不十分相同。我母亲与县里人总唤这些明显与他们相异的人为"蛮子"。奇妙的是，我去母亲的汉人亲戚家玩，他们也会开玩笑叫我"小蛮子"。我每次都会反抗，因为我与县里人嘴里所唤的蛮子明显是很不一样的！这种相对动态多元的身份对年幼的我来说并没有什么特别，后来我也了解到许多生长于汉藏边地羌汉藏回之间的人普遍都有着"双重身份"，有的甚至还有三重四重身份。这大概是边缘人的特征之一。

人类学家丹增金巴在他对嘉绒藏族的"东女国之争"里论述道：我们很容易在汉藏边地的人群里发现许多矛盾因素的存在，但这些矛盾因素在当地的情境里是可以理解的，且在当地人发挥的能动性下能变成可被利用的"资源"。我并不十分想功利地将身份当作资源，但事实上不同的身份是我们生命的一部分，在不同语境中我们的某个身份可能会被更加凸显出来。如此，我的羌族身份在入学绵阳民族初级中学及中央民大时发挥了作用。尤其是入学中央民大时，我差一本线八分，在我的叔叔雍继荣的指点下读了中央民大预科（仅少数民族可读）。叔叔当时是北京民族文化宫副馆长，历史学出身，也研究羌文化。一年预科结束选专业时，他很希望我也能研究羌文化，便推荐我选实验性的民族学与英语双学位班（仅此一届）。当时我十分仰慕商界白领精英，想报考管理类专业。他却说："其实民族学很有意思，你学了就了解了。英语作为一门语言，可以帮助你走得更远。"碍于叔叔的权威，我最终并非十分情愿地选择了这个从未听过的专业，然而过去13年与民族学/人类学的相处却真正印证了他当时的那句话。

本科期间，双学位课程满满，每周四五十节课。一方面是学习民族学/人类学的基础知识，比如西方人类学的各个流派，中国及世界民族的基础性了解，田野调查方法，以及对一些人类学分支学科如体质人类学、艺术人类学等的简介；另一方面，英语学习占用了我绝大部分课余时间。这些知识让我对社会科学的总脉络和面貌有了大体了解。徜徉在民大的行道树之间，很快就到了大三。叔叔又鼓励我考研，且第一次提到了出国读博的可能性。备考之际，羌族人类学家张曦博士从日本东京大学回到中央民大教书。自此张老师常邀我们几个穷学生吃饭。那时我正在写本科毕业论文，是用列维-斯特劳斯的神话学方法分析羌族民间故事《木姐珠与斗安朱》。某日晚餐过后，我与张老师谈起论文，自信地说这个故事体现了羌族从母系社会到父系社会的转变。他忽然停住脚步说：你写论文要小心，这样容易陷入进化论的泥沼。难道进化论不是书本上写的正确的内容吗？此刻或许算得上我在人类学中第一次体悟到"批判性思维"。

　　我时常感叹自己是一个幸运的人，至少在学术的道路上遇到了很多贵人。2008 年，我以中央民大人类学专业第一名的成绩考入了北京大学王铭铭老师门下从事人类学研究。当时王老师在中央民大收了五届研究生，我是倒数第二届。如果说叔叔与张老师将我拉入人类学的轨道，那么王老师便是将我引入人类学大门之人。当时老师正在主持"藏彝走廊"的课题，便自然而然地建议我回家乡做个短期的田野并在此基础上写毕业论文。当时在北京大学课堂及师门内讨论的学术话题我几乎都听不懂，又因王老师讲的人类学与本科学过的民族学差别很大，打乱了我很多旧有的观念，一时间我对人类学的基本认知也变得混乱。老师讲"文明"与"中国"，神话学与仪式，混溶与文化复合性，还要求我们阅读经典原著，这些对我来说都是很大的挑战，但硕士三年还是硬着头皮读了三百多本人类学著作。

2008年汶川地震后的寒假，我有幸随张曦老师去茂县的几个乡镇做田野。王老师打电话叫我同时也开展自己的田野。无奈基础薄弱以及缺乏参与观察的敏感度，我根本"看不见东西"。山就是山，水就是水，生活就只是生活。我很苦恼地告诉老师我并没有发现什么有趣的、值得研究的东西。失败的田野调查及资金的短缺迫使我转而投入文本研究。很多同门也存在类似问题，大家便写了一系列的人物及其作品的述评，包括玛丽·道格拉斯（Mary Douglas）、埃文斯·普里查德（Evans-Pritchard）、特纳（Turner）、葛兰言（Marcel Granet）、费孝通、任乃强等人类学家。当时四川民族研究所的李绍明先生刚发表了《略论中国人类学的华西学派》（2007）一文，提出中国人类学除了"南派"与"北派"，在20世纪三四十年代可能还存在一个华西学派的观点。其中美国人类学家葛维汉（David Crockett Graham）被认为是华西学派的奠基人之一。葛维汉曾集中对羌、苗、藏等族群进行研究。于是我便转而研究葛维汉及他的羌民研究。由于国内对葛维汉的译介并不丰富，我的很多材料都是亲自发邮件问国外的作者们要的英文原档。艰难中写下了一篇不算成熟的硕士论文。（这篇论文后来被葛维汉的孙子搜到，联系到我与彭文斌老师，一起成立了翻译葛维汉自传的项目，该书正在商量出版。）"纸上得来终觉浅"，今天的我会这样评论这篇论文。这种体悟在我留学挪威接受西北欧人类学训练后变得更加深刻。

2012 年 3 月，我被国家公派到挪威奥斯陆大学攻读社会人类学博士学位。山美水美的挪威有著名的人类学家巴特（Fredrik Barth）和他创立的人类学系，也有挪威人类学大拿托马斯·埃里克森（Thomas Eriksen）、西格纳·哈维尔（Signe Howell）、巴特之妻乌尼·维坎（Unni Wikan）等人。奥大的人类学传统与英国颇为相似，都十分重视田野调查，每个博士的田野均不能少于一年。挪威是个高冷的国家，有着与中国迥异的文化。用我同事亨里克（Henrik）的话来讲，在挪威留学的几年也是我的一个长时段田野。刚去挪威时的文化震撼几乎每天都在发生：高物价、高生活品质、诚信国家以及挪威人的亲近自然与淡薄性格都让我感到新奇。尤记得一次与几位教授在饭厅吃饭，某女教授说道："这周六去森林里徒步，运气很好，走了五个小时竟一人也没遇到！"我瞪大双眼，到底是有多追求孤独与亲近自然的民族才会有这样的感叹？难道不是应该在遇到了一个人的情况下才说今天运气很好吗？百思不得其解。挪威人的午餐几乎都是清一色冷面包加小份沙拉，系里的外国人都无法忍受这个奇怪的习俗，每天中午自成一派围坐在一起吃着热食。与我交好的挪威女教授每日午餐都是两片面包加两颗小西红柿，五六年来从未变过！每片面包售价约四十人民币……据说营养十分充足。冬日晒不到太阳的挪威人要用太阳灯，吃鱼油；春日稍有一丝阳光，他们便如土地里着急发芽的种子一般在阳光里沐浴伸展；夏季更是成天在草坪和海滩上暴晒，*丝*

毫不担心被晒黑！还记得出大太阳我打着遮阳伞走在街上路人
惊诧的眼神……这些日常生活中的碰撞让我意识到许多以前我
习以为常的事情并非理所当然。这种对习以为常或理所当然的
敏感与反思之后贯穿着我的学术思考、写作乃至生活。后来在
德、法、瑞、土、丹等国家的旅行及大量的民族志阅读逐步加
深了我对羌族与中国的反思，并刺激了我的某种多重的"文化
自觉"，促进了一种带有比较视野的研究观。此时再回到羌山，
山已不再只是山，水亦不再只是水。

　　我的博士论文初选题是王铭铭、朱晓阳等人对中国 2003
年后新一轮"林权改革"研究项目的延续。我在奥斯陆大学
最初的第一导师白苏珊（Susanne Brandtstädter）教授专长于法
律人类学；二导克努特·努斯塔德（Knut Nustad）则是南非
政治生态人类学方面的专家。我的论题最初围绕国家法律与地
方法律对森林权属的划分以及它们之间的协调、冲突等动态关
系展开。2013 年 3 月到了田野我才发现要想理解地方习惯法，
就必须先理解当地人的一整套思考逻辑，而这套逻辑又与当
地人的宇宙观、复合混杂的宗教及在过去百年间他们在现代
化潮流席卷之下从一个较为自在自治的一隅变为国家统治下
的行政村的变迁轨迹密切相关。像所有人类学家一样，我尝
试对田野里所有事情都"感兴趣"，并尽力搜集能触碰到的
材料。九个月后，我写了一份简短的田野报告给导师，导师
坦言内容不够详实，建议我再增加三个月的田野。那时我与
田野的蜜月期已过，变得有些倦怠。正在这时，我无意间在
网上帮朋友宣传宾馆的一篇帖子引来了几千游客到松坪沟观

看红叶，导致我直接介入了当地的旅游发展与扶贫工程……借此，我的研究又再一步拓展到旅游方面，但这又是另一个故事，在此不赘述。

　　一年的田野很快结束，我回到远方的挪威，开始了论文写作。陪伴着我的是办公室外漂亮的别墅区，蓝天上变幻多端的白云与偶现的鸟儿和彩虹。一年四季，春夏秋冬。电车经过轨道低沉的轰鸣声无数次打乱或串联起我的思考。田野后最初六个月每日整理录音，书写总结，梳理提纲。一方面，当时的我仍陷在国内民族学对少数民族研究的范式里无法自拔，掏空心思挖掘所谓的羌族文化；另一方面，王明珂老师在《羌在汉藏之间》中对羌族历史人类学细致入微的研究让我觉得他上下几千年，已经把关于羌的内容书写了个干干净净，它像一座难以攀爬和翻越的大山压着我。正在一筹莫展之际，白老师突然告诉我要离开挪威到德国科隆大学去担任全球化人类学研究中心主任，并邀我一同前往。由于种种原因，我最终选择留在奥大，白老师离开后，系里便再也没有中国方面的专家。但我也因此有幸成为了刚退休的挪威著名人类学家西格纳·哈维尔的学生，白老师则退为二导。牛津出身的西格纳以研究马拉西亚的Chewong 人及印度尼西亚的 Lio 人的社会结构和宇宙观出名。比起追求时髦术语的年轻老师，她更加传统并对人类学动向有着精准的把握。当时她已年过七旬，退休后的生活较为轻松，她便全情投入到指导我和另一名博士的论文中。

　　对中国几乎毫不了解的西格纳将我带入了人类学的另一个境界。正因为她对中国的不知情以及对人类学的把握，她对我的田野材料保持着敏感并提供了其他地区的相似研究给我参考。她对我论文的指导，加之从王铭铭老师那继承的宇宙观和宗教研究，白老师对物权法律与文章架构的指导，克努特老师对政治生态学的输入，彭文斌老师对藏边研究的引导，以及顶着"魔咒"在台湾中研院与王明珂老师一起讨论血缘与地缘关系在羌区资源界限与使用权中的反映等等，我像初级练武的人一般尝试吸取各家所长，并逐渐突破了自己已有的知识框架，融合一套自己的拳法。在与各位老师讨论及读写的过程中，常闪现一些自我突破和体悟的瞬间，值得书写一二。

人类学要写原创性的民族志，仅做理论讨论并不够。刚开始与西格纳合作，我将论文初稿的第一章关于羌族历史及族群身份的讨论发给她，同时还有我的田野总结。第一次到她办公室，她便开口说第一章的三十几页其实可以压缩为两个自然段作为背景融入到相关章节的某个地方……这些都是历史学和已建构的讨论而非你的田野材料，不值得长篇大论，坦率说，很无聊。相反，她认为我并未花太多心思的田野总结里倒是有些有趣的东西，应多从那里入手。翻开总结，里面稀稀拉拉画了几个小勾，内容全是我的田野叙述。而多数散漫的论及历史与陈旧族群理论的东西似乎都没引起她的注意。理论可以翻新，而民族志材料永远不会过时，这些画勾的内容——来自中国地区的经验研究——才是我可以为世界人类学做出贡献的地方。

尊重田野里发现的事实，理论从事实里扎根发芽。初稿时我的论文并没有什么宏观的理论导向，都是围绕田野材料书写一些零碎的章节。那时西格纳要求我每四星期必须写完一章，废弃最初的第一章后,我死活写不出来。每日在办公室待到晚上 12 点关门,对着电脑流眼泪,心急火燎。那时我的内心深处始终在纠结一个问题:我应该挑选哪些羌文化元素才能将他们塑造成与汉族和其他少数民族相异且操着羌语、充满异域风情的"纯正羌族"?但如果这样做我又该将依咪与周边汉羌藏共享的文化元素置于何处?怎么讨论他们的关系?很明显,我所谓"纯正的羌文化"只是他们生活的一部分而非全部。我该忽视他们的手机、电视、冰箱和可乐瓶吗?与西格纳诉苦时她一语点醒我:"你写你发现的而非你想要的事实。"我退后一步来看依咪,立马海阔天空。喝咂酒跳沙朗舞的是依咪,玩手机跳迪斯科的也是依咪;举行祭山仪式的是依咪,撒龙达的还是依咪!羌族不过是他们身份中的一个元素,它并不能就此定义他们!他们是与天地万物、周边人群产生关系并通过传统定义自己的依咪。于是我的论文迅速扩张,遵从王铭铭提出的民族志应该处理的四对关系,我将羌村置于历史中,置于汉藏边地与全球中,置于与自然生态及周边民族产生的关系中,置于鬼神的世界中,以及置于与国家的互动中。在整个历史过程里,他们所生存的大山便是一个"生态宇宙",他们在此定义"何为依咪"。历经现代化冲击,尤其是在国家对他们实施的一系列关于生态资源开发的政策改革中,他们努力适应但同时并未丢失自己的地方性身份。最终,基于克斯汀·海斯翠普(Kirsten Hastrup)对韧性的讨论,我引入了社会韧性(social resilience)这个概念,层层论述了处于不同文明交界之处的人如何在适应和吸收外来文化的同时保留自己在地文化的精髓。

在我论述的过去一个世纪里，处在文化杂糅的藏羌彝走廊，羌吸收外来文化元素，但同时保留在地身份认知，是具有社会韧性的人群。

做研究不是做总结，需要引入最新的他人的相关研究进行论述，为自己做注。我与白老师的第一次正式会议，她让我提前写了一份参考文献。我掏空心思列了很多 20 世纪的人类学经典作品。看完清单后，她问我，你为什么把利奇的《缅甸高地的政治制度》这么老的书列在里面？我说因为它对我很有启发呀。她便说：做研究列参考文献需要囊括近十年来相关领域的新作品，最晚不能超过二十年。二十年前的书可以读来培养学养，但却无法帮助你突破研究。西格纳在指导我时，也经常批评我引用他人的论述太少，不能将自己参与进人类学相关的讨论。例如她说："你应该读读萨林斯的《石器时代经济学》"。我回："我读过的。"她说并没有在文章里察觉出来我读过。类似的问答重复过很多次，后来我才慢慢学会引述他人的研究，并且在尊重他人研究成果的基础上阐述自己的研究。

你写天地万物，其实就是在写生活在那里的人。记得某次在北大的课堂上，在我回答完某个问题后，恩师王铭铭抽着烟斗悠悠地说道："假如某天你能去到羌寨写写那里的树，那里的云，那里的动物该多好。虽然表面上你并没有写'人'，但实际上认识它们就是认识生活在那里的人。"不知为何，这句话给我留下了极为深刻的印象。那时我们讨论努尔人，埃文斯·普里查德表面上写努尔牛，实际上写的是努尔人。这种人物关系的辩证思考给了我极大的启发。老师也曾说，要了解一个地方的人群，不仅要处理人与人的关系（社会），还要处理人与物（生态／自然）、人与鬼神（宗教）的关系，这才是宇宙观。我们的书写不能限制当地人的想象力，将他们描述为只懂得权力、经济和利益的人，而应将他们视为与我们一样有着丰富想象力的人。他对时下流行的政治经济或发展话语下的理性人，以及对中心与边缘的反思也让我随了自己内心的某些诗意，书写着依咪蔚蓝的天、连绵的山峦、茂密的森林、清澈的溪河、悠闲自得的牦牛马匹、满地星点的野花儿以及与他们一起栖居在这个空间里的祖先灵魂和众神。我将依咪所居住的环境视为他们宇宙的中心，探讨了人在其中的位置。同时讨论了他们与周边人群的互动。依咪不是爱德华·沃第尔·萨义德（Edward Waefie Said）论述的我的"东方"，也不是被学术定义的汉族和藏族的边缘；依咪就是他们自己，虽然他们不断与周边人群产生关系，但自始至终他们都站在自己生活的舞台上，与祖先、山神树神等众神守候着他们的土地。

　　类似的瞬间不能在此一一回顾，但我像一头成长中的牛，时常反刍那些听过的话，读过的字，经历过的人与事。在生活中，似乎每一个情节都可以写成一篇论文。此时的我仿佛可以在山与非山、水与非水之间自由切换了。天地变得广阔，生活也变得通透了许多。在我临行田野前，在成都安仁的文明国际会议中，恩师赐予我一幅字："与山川共处。"这幅字不断启发我审视政治经济学上的自然资源开发以及在地羌人的生存原则和他们宗教内涵中的土地伦理。这一日，走过千山万水，用身心"献祭"过人类学后，似乎我也能与自己的人类学共处并遵从它的许多原则，在我的生命里展示它，用我的生活滋养它；与此同时，它也让我的视角多样化，人生更加丰富。也许，这就是互为礼物的魅力吧。

层　理__

The Tao of the Anthropologists

刘宏涛

回想自己的学术生涯，实在觉得乏善可陈。那些细碎的往事、黑暗里的摸索，不知道被自己审视了多少遍。我厌恶重复，不过，我不得不在这里再次叙述自己的探险了（不要笑）。还好，在我用相机给女儿拍照时，一个自以为有趣的视角飘然而至——根据自己学习摄影与学习研究的经历，让不同领域里的"看"、"构筑"与"表达"隔空喊话。

的确，是尼康 DX35mmf/1.8 G 定焦镜头让我把这一切回望得更清楚。之前，我要么把 2870 mm 变焦镜头用在胶片相机上，要么在数码单反上挂一个 1855 mm 的变焦。在习惯了定焦镜头之后，我才发现，自己被劣质变焦镜头蒙蔽了很多年。唉，摄影与学术研究何其神似！

它们都缘于一种冲动，"熟食"（cooked）作为"生食"（raw）的现实世界。站在同一地点，镜头和人眼所看到的有很大差别；理论视角下的世界与当事人所感知的生活也不相同。焦点与被研究主体、焦距与理论视角、景深与主题厚度、后期与论文写作，它们如出一辙。如果处理得好，它们都在整体上散发着具有质地、情感和温度的意蕴，都在与他人交流，而不是肆无忌惮地裸奔。

需 要 冲 动

有相机的人，看到美人美景，都想拍下来。处在不同阶段，拍的不同。我在小学时摸过堂哥的相机，2003 年大学三年级时有了自己的。凤凰牌，2870 mm 的镜头。当时新鲜，觉得有意思就拍，而拍出的照片有什么意思，从没想过。那时，有冲动，但冲动没有指向，白费力气。六年后，换了数码相机，我才开始想这个问题，也拍出了几张满意的照片。又六年，入了定焦镜头，我才真正开始理解摄影。

学术研究也一样。本科时，觉得自己啥都不懂，不懂的就学。没怎么想过学了干什么，没有方向。六年后，读博时，才真切地有了想向这个世界说点什么的冲动，而不是自言自语。现今，对学术研究有了更玄妙的想象。

若没有捕捉现实世界的冲动，相机上就会有灰，学术研究就成了苦役。

找 到 焦 点

到底是什么令你我感动？

是色彩、光线、线条、形状、笑容、目光，还是色彩中的温暖、光线中的希望、线条中的优美、形状中的刚强、笑容中的气息、目光中的苦难，还是所有因素混溶之后再自我言说的意义？思考它、刻画它，把焦点放在突出这个主题的人／物上，通过它来构造一个有意义的图像。这会耗费很长时间。

2010年夏天的一个早晨，骑着黄乡长借给我的他骑了十年的摩托，我闯到海南省东部地区一个叫"凹叉"的黎族村落。他们住的是船型茅草房，房屋结构极其简单，但可容纳三代人。最初，我以为似乎是去了马林诺夫斯基的田野：与世隔绝的前现代社会。我决心在这里研究当地人的信仰体系及其规则。

半年中，我搜集了关于亲属称谓、家族谱系、血统规则、分家析产、婚丧仪式、治疗仪式、田地耕作、狩猎规则、交换原则、性别权力、日常笑话、个人回忆、人的认识等各类材料。我蒙了。怎么处理这些材料？它们在说些什么？还要继续吗？

我停了下来，自拟了两个结构完全不同的写作提纲，以及需要补充的内容。我忘了其中的一份都写了什么，另一份提纲是按照人的生命史来编织的。这种组织材料的方法并不能导向一个最终的结论，也即文章结构本身未能呼应一个主题。我否定了它们。不记得又经过了多少日夜的分析与猜想，最终，我看到了几乎可以涵盖所有素材的三个要素：身体、灵魂和"花"。

当地人所理解的人分为三个部分。一个人的身体来源于父母，他的血亲身份主要依据父亲的身份来确定。亲属称谓、家族谱系、血统规则、分家析产也呼应着这一点；一个人的灵魂缘于祖先的转世，这就意味着灵魂也附着在身体的身份之上；"花"（类似于汉族送子娘娘送给求子者的东西）也由送"花"

的女神来将相同的"花"反复地送给同一家人。人死之后，灵魂变为鬼。在世者的灵魂无法与身体沟通，但可以与鬼沟通。灵魂与鬼有了瓜葛后，人体便会患病。借着灵媒的检查，他们看到病因何而生，然后采取相应的措施，这就是一系列的仪式。人的三个构成部分及其关系几乎统摄了我所调查的所有内容。

焦点找到了，还要捕捉决定性的瞬间。对于布列松的著名理论，我只是粗陋地将其理解为能够给静态图像注入动态活力的瞬间。一位衣衫褴褛的伤残军人和一个衣冠楚楚的金融精英在歌舞升平年代的马路上错身而过，后者对前者低垂的一瞥就是那个瞬间。它将各种因素勾连了起来，炮灰与英雄、尊严与等级、幸与不幸相互纠缠。读者就此开始思考了。

尽管身体、灵魂和"花"可以成为焦点，但围绕着它们的那些因素因何而勾连呢？大约花了两个多月，我看到了汇聚黎族人信仰体系与行为实践的空间结构。我无法描述这个过程，因为我忘了。受制于这个结构，同时在这个结构之中，身体、灵魂与"花"以及围绕它们的那些因素得以相互地赞赏和争吵，一并烘托着主题：具有本体含义的信仰体系如何塑造着当地社会，具体的个人又如何在其中策略性地安身立命。

选 择 焦 距

这是怎么捕捉的？对于初学者而言，那要看他们的相机配什么镜头了。是定焦，还是变焦。持变焦镜头的人，基本上是不管自己站在哪儿，调一下变焦环、按一下快门就完了。我用变焦镜头拍照时，差不多如此，只在变焦还不够时，才会想想哪个拍摄位置更好。这真的是拍出坏照片的好方法。

基于本科的哲学学习，我实在是在太长的时间里在学术研究中一直拿着变焦镜头。这不怪哲学，怪我不开窍。哲学学习让我一直审视和批判自身的立场。这不是坏事，只要再向前走一步。可惜，我没有。当时，我觉得站在这儿看世界有立场问题，站在那儿有意识形态问题。最后，世界那么大，我想去看看的冲动都没了。相机蒙上了灰。最后的结论是，自己哲学天分太差，还是学比哲学低一档次的人类学吧，应该可以耍得开，也有意思。2004 年我就去读人类学了。没想到，人类学比哲学的要求还多，得喝酒、备烟、会套近乎、能闲扯淡，回头，趁人们睡着了还得挑灯写笔记。

更要命的是，哲学的变焦镜头几乎一直影响着我硕士期间的学习。感觉什么文化结构论、实践论、象征论、结构论、功能论全都不靠谱。那时，我从未主动选择任何一种理论来看待这个自己还觉得有点儿意思的世界。还好，导师蔡华强调让没有研究经验的我完成一篇关于社会运行机制的民族志。

根据当时的认识，我几乎翻遍了中国西南地区所有少数民族的社会历史调查资料。但由于没有特定的视角，我也没看出在哪里做什么研究更有价值。最后，我就选了个梦想中好吃好在的苍山下洱海边的大理，蹲了六个多月。写成的《不熄的火塘：彝族腊罗巴支系的亲属制度》在 2009 年也出版了。豆瓣上有人评论说，"一份中规中矩的调查报告"。我深以为然。不过，我所理解的调查报告可能与评论者不同。写出事实的逻辑，而未见理论讨论，可称之为调查报告。若没有将事实锻造成有意义的逻辑链条，那只是材料汇编。经过硕士三年，我才真切地感受到，人的生活虽然繁杂多样，但生活本身自有其法，此法凌越了理论的管窥而自在言说，它向摈弃先见与偏见的人"现象学"地开放。

其实，我去的那个山头，不好在，也没什么好吃的，我还被狗咬了一口，生了一场病。但田野没有白费，我对田野调查与民族志有了新的理解，开始真的看得懂马尔库斯、格尔茨、列维-斯特劳斯都在说些什么了。

这些都不是理论视角所带给我的，而是对于新手而言可以捕捉到的亲属制度及其运作逻辑给我开了眼。对于学术研究来说，这可能才刚到门槛前。离真正跨过门槛、在众人环围的桌前找到一把凳子，坐下来参与讨论，还有一段距离。

在一篇名为《为什么我花了四十年才把这件事搞清楚?》的软文中，摄影器材推介员肯·罗克韦尔（Ken Rockwell）总结了他自己的 FART 摄影法：感受（feel）、提问（ask）、精炼（refine）、按快门（take）。在被视觉场景激发了拍照的冲动时，得再自问一下：究竟是什么在触动自己？然后，将它在构图中凸显出来，再按快门。使用定焦镜头更能训练这一点。受限于镜头的视角，摄影者不得不前后左右走一下，观察站在哪个位置才能从镜头中看到最美的画面，并将主题凸显出来。不同焦段拍出的照片，空间感很不相同，表达的感情也有差异。广角容纳更多的事物，汇聚着空间，制造着紧张氛围；长焦则稀释了空间，给人以疏离之感。当熟练了每一个焦段的时候，变焦镜头才是利器。

理论视角不也如此吗？那些抽象程度较低的理论，视角小，让人觉得离真实生活很远，但相对易于把握。那些宏大的理论，将各种争竞的事实扭送到一起，让它们相互对峙，让人紧张，但却离真实的感受更近。不过，我到博士阶段才深切感受到了这一点。不算太晚。我选了一枚广角定焦镜头：信仰理论。借着它，我得以学习用囊括诸般事实的特定视角来观察和思考生活世界，并在它的视野里锁定焦点与决定性的瞬间。

控 制 景 深

焦点前后清晰可见之物的距离就是景深。一般来说，光圈越大，景深越浅。在感光度相同的条件下，若是大光圈，在很短的时间内便可清晰成像，而且景深很浅；若是小光圈，得需要更长的时间才行，而且景深较深。在很长一段时间里，我只有最大光圈较小的变焦镜头，虽然我知道景深是什么意思，但从未感受到。在 2014 年我有了尼康定焦镜头之后，我明白了景深对于摄影来说是多么的重要。一开始，迷恋浅景深：背景虚了，看不清楚，但很柔和，焦点清晰，主体突出。没多久，我就对此十分厌倦了。这不过是一个没有背景的肖像。是的，他们都穿着衣服，有特定的发式和姿态，这都透露着他们的身份和时代。不过，被摄主体身在何处、与谁有牵连，这些皆被隐去，没有现实感。我更想看到这个肖像在他的社会空间里活动时的剪影。在合理控制景深后，我们会看到在特定的空间结构里各要素之间复杂的互动关系。

2006 年硕士田野期间，我完全是在拍彝族亲属制度的肖像。读者看到的是架空于村落政治、宗教信仰、社会变迁等的亲属制度。景深太浅。后来，我看到不少学者只拍肖像，而且是成批地拍。2010 年博士阶段做田野时，我缩小光圈、拉大景深，囊括了亲属制度之外的宗教信仰。我更想将当地的社会变迁也纳入进来，我把光圈开到最小、曝光时间也不算短，但还是没有发现社会变迁清晰成像的痕迹。这样的结果是，动感不足。可能是我大脑的感光度太低，社会变迁依然隐藏在尚未被曝光的部分。

把景深再拉得大一点，让地方社会之外的因素也与地方社会同在，那就是我所理解的可以称之为"作品"的学术研究了。毫无疑问，杰出的人类学家都做到了这一点。在《野鬼时代》（*The Age of Wild Ghosts*）中，读者看到的不只是彝族的社会与文化，还看到它在与更大的存在（国家）互动时挑选了何种外衣。通过这部作品，我们会看到，彝族人穿上了彝族社会与文化的衣服，他们的社会与文化穿上了国家的衣服，埃里克·穆格勒（Eric Mueggler）的研究穿上了美国的衣服。它们不是赤裸的初生儿，不是在罔顾他人地裸奔。

散 发 意 蕴

在杰出的照片与民族志中，我们都可以感受到它们所散发的意蕴。

　　一张主题鲜明的照片，必在整体上饱含着意蕴。那是被摄主体本身的质地、色彩、光线、空间、姿态等所自在言说的可想象的细节、可体会的情感、可触摸的温度。

　　毫无疑问，《纸路》（*The Paper Road*）就是这样的一部杰作。它讲的是，英国植物探险家在滇西北纳西人的协助下搜集标本的故事。在其中，读者能够看到英国植物探险家的身世、情感与渴望，纳西人的歌谣、文化与历史，还有他们两相交往之时，站在他们背后的科学与经验、帝国与祖先。常常听到有人说，民族志就是讲故事，然后就没有下文了。其实，民族志是讲了一个"关于什么"的故事，冲动、焦点、焦距、景深和意蕴都包含在讲了一个"什么"的杰出民族志里。在博士研究期间，我在民族志的意蕴上花费了很多精力，但总是遇到"此路不通"的标牌。我期望，正式出版的博士论文能包含一点点。

　　毕竟，鸟枪换炮，我从 2015 年开始使用蔡司定焦镜头了。

阳光下的新鲜事

宋红娟

　　当回述某些事情的时候，总有一种时光荏苒的感觉。不知不觉，已经七年多过去了。2009 年 7 月的某一天，我站在甘肃西和县城北关村泰山庙前面，第一次被眼前的景象触及：泰山庙前的空地上临时搭建起来的"夏夜啤酒广场"到处是头天晚上夜宵的狼藉。那一刻我想到了涂尔干关于神圣与凡俗的说法。按照涂尔干的观点，我有点无法理解眼前的场景，既然神圣与凡俗不得相互浸染，尤其是神圣一旦沾染凡俗就不再神圣，那么，北关人为什么会让俗人的日常生活在神圣的空间里发生？

　　事实上，这一天那一刻的想法成为我后来整个博士论文的一个基本的问题意识。我的博士论文主要考察的是西和县的乞巧节。导师高丙中老师对于博士生的田野调查是要求非常严格的，必须要在当地待够一年的时间。其实，西和乞巧节只有七天，乞巧节结束后，我当时很迷茫，不知道剩下的三百多天要干什么。庆幸的是，我很快住到了赵叔家里，跟着他们一起生活、一起访亲拜友，陆陆续续就跟那些热衷于乞巧的人熟悉了起来。等到第二年乞巧节期间，我开始注意到了乞巧的空间设置，西和乞巧虽然是围绕着女神"巧娘娘"的神圣仪式活动，但在空间上，却包含着丰满的凡俗内容。比如，去拜"巧娘娘"

的女性，祭拜完之后往往就会留下来和大家一起唠家常、感叹自己的一生；她们的日常生活进入了神圣的乞巧仪式中。

　　"情感人类学"是我做博士论文期间才开始正式接触的研究领域，在西方也是比较新近的话题。我尝试以西和乞巧为切入点来理解西和女性以及西和人的情感世界、情感表达方式和文化形式。在调查中，我发现西和人在平时有很丰富的语言来描述自己的"心上"（西和方言，就是心情的意思），在乞巧期间也很愿意与同伴分享自己"心上"的故事。我的博士论文题目最后就叫作《"心上"的日子：关于西和乞巧的情感人类学》。重新回过头来看泰山庙前的思考，或许当我们关注到鲜活的人的时候，我们原先的关注点便会发生一些变化。所以，毕业之后的很长一段时间，我都在阅读亨利·柏格森（Henry Bergson）的著作。他展开的对于包括涂尔干在内的新康德主义的批评对我有一定的启发。

　　不难发现，博士论文的研究往往只延续几年的时间，就像一张拉了很久的弓箭一样，越发无力了。所以，寻找新的研究议题似乎成了一个普遍现象。我也不例外。最近几年，我开始集中关注县域文人群体，同时也由于工作和家庭的缘故，将田野点调整到了大理剑川县。其实对县域文人群体的关注在西和的时候就开始了，当时我大部分的田野报道人和朋友，都是地方文人，包括当地书法家、退休教师、商人、医生等等，他们有一个共同的爱好，就是对本地传统文化非常珍爱。他们中有条件的人，都会争取发表著作，通过政府的资助、自费，甚或只是在打印店自费装书成册。对于地方文人的关注，可以追溯到费孝通先生组织的关于士绅的读书讨论的成果。后来，西方汉学开始借鉴人类学的方法修正了费孝通他们的观点。我在剑川县的相关调查就是在这个背景下展开的。我希望能够通过学术的方式来理解当代社会地方文人群体对于县域文化、县域社会究竟有着什么样的作用。

这些年，陆陆续续进出田野，一个总的感受总是挥之不去，就感觉田野永远像一道并不强劲的白光一样，时时让自己感觉到困顿。2010 年，在西和时写的一首诗，每每重读都感觉重回田野现场：

白　天

每天天亮的时候我就会睁开眼睛

看到 人们忙碌起来

吃饭的吃饭 做生意的准备生意

上班的上班闲逛的闲逛

争吵的争吵

锅碗瓢盆奏响一天的生活

驱散夜晚那些孤魂野鬼的嚎叫

歇斯底里

而我呢

看到庭院里黑夜笼罩的鬼神故事又变成

真实的房屋　房顶上的一片瓦

花坛　那棵桃树和树上的那只猫

还有　熟悉的声音从厨房里传出

而我呢
看到白天来临
才开始释然对夜以及
夜诞生的鬼的恐惧
才敢将耳朵从被子里放出
好像睡眠才应该刚刚开始

而我呢
只能爬上山顶
抬头看看天空的颜色
又看看太阳的刺眼
面对白天的真实
却不知身在何处

遇见自己

张亦农

　　有位高人气驴友在回答别人问他为什么要旅行的时候说，"我不能增加生命的长度，但是我可以（通过旅行）增加生命的宽度"。同样有位演员在回答自己为什么喜欢演艺生涯的时候说，每个人都只有一辈子，而她在演艺过程中体验了多次生命。而很多人类学者在回顾自己人类学之路的时候发现自己进入人类学界原来是个"误会"，我把这称为"遇见自己"。

　　本科一进入四川大学就被告知"难道你没有听说过少不入川吗?"，于是就开始了我一系列的人生"误会"。满腔热情地进入经济学，以为注定要在经济大潮里折腾一下，没想到竟然以电脑软件给我的学业画了个句号。即便如此，九十年代开始腾飞的中国 IT 产业还是没有把我送上繁荣上升的经济扶梯，相反，它把我抛向了那时候无人顾暇的西部。

　　第一次误打误撞地来到西藏，一开始就被极度反差所震惊和迷惑：身体的极度不适和精神的高度吸引，以往的"野蛮""落后"认知与眼前看到的异域风情，以及不断遇到的各种不同的人——寻找灵感的艺术家，无奈的援藏工作者，常年住在寺院周围乞讨为生的朝圣信徒，被拉萨人称作"ཤང་ར་ས་པ"的为十块钱而疯子般开车的内地来藏谋生的出租车司机，梦想着去印度的寺院僧人，充满希望地等着去上内地西藏班的藏族学生，各显神通办"内调"的汉二代，无处不在的街头流浪狗……我从中不断发现新奇感受，有神奇、迷惑、恐惧，也有反感，甚至是本能的抗拒。但也正是这些感受吸引我不断回去，最终选择了藏语和藏学专业。直到多年以后，在开始进入人类学专业时我才知道，原来这些感受是有一个专业术语的，叫作文化震撼。

我的研究也同样经历了一系列的"误会"，地理上先从卫藏，后到安多，最后又徘徊在摇摆不定的所谓汉藏边地。研究主体上，从最开始全心关注一个纯粹迥异的藏族文化，到开始怀疑自己先入为主的一系列假设，包括最根本的概念比如"以小见大"，还有"中国研究"。我最后选择的研究题目是民族关系，确切地说是以民族多样性来质疑民族本身，以呈现民族国家理论中的一系列问题，包括中国问题。在传统的中国研究之中一直有一个争论，到底什么是中国研究？你可以说在中国做的人类学研究就算是中国研究，也可以说是有关中国的人类学研究就是中国研究，还可以说中国人做的人类学研究就算中国研究，总之就是有很大的模糊性的，这种模糊性既有它的历史传承，也有其当代变异。莫里斯·弗里德曼（Maurice Freedman）在六十年代写的两篇文章中，已经提出"我们是否进入了所谓的中国研究阶段"这个问题，他当时提出这个概念，是基于当时中国的特殊情况，就是外国研究者进不到中国，当时研究中国的外国研究者只有选择香港，或者台湾，再就是海外华人群体作为其研究对象，这在当时被称作"中国残留地"（residue of

China），也正是由此引发了一系列理论上的升华，其中最有奠基效应的当属所谓的"以小见大"论和"中国研究"的自然化。而这个模糊概念的当代变异最具代表性的就是关于中国少数民族的研究，无论是中国学者还是外国学者，都经历了一个类似的过程，从六七十年代以来，主流中国研究一直被假定为关于汉人社会的研究，而研究少数民族不被认为跟中国有什么关系。这个情况一直延续到后来以郝瑞和他的一批学生为代表学者的出现才逐渐改变，最终把少数民族研究从似是而非、模棱两可的中国研究，到现在变成理所当然的中国研究，甚至是中国研究不可或缺的一个必要部分。

这两个关注点虽然是我的研究"误会"而引发的，但我发现正是这种不期而遇让我看到了一个平时看不到的自己，同时也让我的研究对象有了更大的情境，人类学者大多自认为是非常反思的，即便如此，我们也不得不承认我们自己也是如同我们的研究对象一样是生活在情境之中的一员，所以这种反思最终也是如格尔茨所说的"趋近的认同"而不可能在情境之外。这使得我对一些热门的概念和新的提法有了更多不同的看法和疑问。比如"海外民族志"这类概念，我显然是和推动者一样非常兴奋地看到中国人类学研究能够走出"中国"这个地域概念，但是我同时又非常敏感地意识到这个提法本身实际上已经假设了许多本身就是问题的概念和方法，英语里有一个谚语叫作"好的篱笆成就好的邻居"，如果把本身就有问题的概念和方法不加反思地变成某种假设来构建另外一些概念方法，就如同模糊不清的篱笆必然导致邻里之间更多的问题。同样我参加的另外一个会议提出"藏学人类学"这个概念，我作为从藏学跨界到人类学的人不能更赞同这个概念的提出了，然而兴奋之余，我也立刻感到一些不安，虽然人类学自身的天然不足导致它的海绵性早就是人类学学界的通识，但是当外界兴冲冲地"发现"人类学，甚至要把它当作某种新式武器，或者是解决疑难杂症的神秘药方的时候，我还是对这种"工具浪漫主义"焦虑大于兴奋。这种焦虑和问题也正是来源于我对平时看不到的自己的不期而遇。

全球化、文化政治、经济影响、科技发展等等导致了当代社会一个"千层蛋糕"式的现象，使得"客观"（如：本真性）与"主观"（如：信仰）变得不那么敌意，甚至在某些情境下有点主客不分。我始终认为我是"遇见"的自己，而非发现，因为我对于发现中所包含的使命感和文化假设有着本能的怀疑，但又有谁能告诉我说我遇到的不是我的马甲呢？

嗨于人类学立体式的学习

崔忠洲

我的人类学启蒙，源自童恩正先生的《文化人类学》。那时我大三，正处于一个彷徨期：我们都知道人们在接受一定的教育后，会有相应的思维定势，我特别担心自己受到不好的思维定势的影响，竟而不敢随便看书。幸运的是，那时我遇到了我一生的导师，王邦虎博士。他当时从美国佐治亚大学拿到博士后，因为母亲的原因，决定放弃在美国的教职回国，在离家最近的高校任教。虽然那时我并不太能理解他说的方法论研究，但并不妨碍我与他经常交流——因为他经常到学生宿舍"串门"，跟学生聊天，以苏格拉底式的问答来刺激学生的思考。正是在那时，我把自己的困扰抛给他。他的建议是：自己跑图书馆查找感兴趣的书，把书目列出来，然后给他看，他来指定一些书让我读，读完后再来与他讨论。他当时在我列出的一系列书目中，指出了三本书，其中一本就是童恩正先生的《文化人类学》。就这样，我开始与人类学结缘。

随着阅读的深入，我在大三下学期写了一篇有关"文化相对主义和文化绝对主义"的论文，参加当年的大学生挑战杯比赛。当时我们系里的指导老师居然说看不懂。那时我就意识到，我走向了与自己所在的历史学不一样的道路。

但我并没有立即走向人类学；其实那时社会学更吸引我，我后来跟着王邦虎先生读了一个社会学的硕士，这使我在后来的人类学学习和研究中，往往会首先注意结构性因素的影响，会不自觉地把两个学科放在一起比较，看看各自学科学理方面的异同。但这并不表明我会忽视个体的意义；相反，正是因为我注意到个体在结构中的能动性，这才导致我更为彻底地爱上了人类学。

当我有幸到美国师从施传刚教授读人类学博士，尤其是当我正式接触到体质人类学和考古人类学，并且我的导师组成员约翰·H. 摩尔（John H. Moore）教授正是四个领域皆通的人类学家时，我对人类学知识领域的好奇之心被全面激发了！除了比较愚钝，对语言人类学缺少感觉（虽然后来当了四个学期"语言与文化"一课的助教）之外，我对体质和考古人类学的兴趣半分不低于自己所从事的文化人类学，甚至在 2017 年暑期，还参与了由二十个海外博士组成的体质人类学学习小组。

我在文化人类学方面的兴趣，则因为与回族的接触，而把重点放在了民族和宗教方面。我对回族和中国穆斯林（注意：二者并不等同）群体的研究，因为导师的建议，更为关注回汉通婚和因此引起的民族认同和宗教认同问题。在我的田野点，那里回汉通婚的比例，从许多回民以为的 30—50% 到婚姻登记中超过 80%，这个认知差异已经不能仅仅以"显著"来形容了。因为一些结构性因素——尤其是我国民族政策——的影响，有些"回族"的民族身份存疑，婚姻登记中的民族身份，未必是依据民族政策认定的结果，所以，"回汉通婚"中的"回族"

概念有必要首先厘清。在这个基础上，才能谈到回汉通婚对各自民族和宗教认同的影响（或者相反）。也正是在这个意义上，一般统计学意义上的社会学研究的缺陷暴露无遗，而人类学田野的优势得以充分彰显。

但我个人对回族凝聚力的核心——清真寺和阿訇——的状况更为感兴趣。因为在我看来，理清这二者的一些状况——比如清真寺内部权力的构成，各坊阿訇在两重（国家，坊内）行政权力结构中的抗争与努力，国际、国内两重宗教氛围中宗教信仰的维护与构建等等——是理解当前我国回民"存在"（being）状态的关键。如果把回民内部的诸多因素看作变量的一端，把外部的诸多因素（比如现代化、城市化进程等）作为第二类变量的一端，而把回民的存在状况作为第三类变量，那么，如此就可以构建一系列研究的三角框架，以探求相互之间的因果关系。为此，我曾在美国人类学学会的年会和国内的几个会议上，分别做了一些探讨，希望将来在这个方向上有所贡献。

不过，正如前面所言，我对人类学的兴趣几乎是全方位的，同时也是因为众所周知的原因（民族宗教类论文发表不易），所以如今我开始拓展了一个新的领域，即拉丁美洲研究，尤其是中国的海外投资以及华人华侨方面。目前才刚刚起步，仅有一次短暂的实地考察。在这一块硕果累累的领域开展研究，无疑是相当冒险和具有挑战的。不过，因为中国因素的介入，使得这一块区域出现了一些新的变化，从而为将来的探索提供了一些可能性。

　　而我个人还有一个研究的情结：希望将来能够投身于医学人类学的研究。这不仅仅是因为我田野中相当多的报道人是从事药材生意的，也不仅仅是为了回避敏感话题论文难发的困境，更为重要的是，我觉得医学人类学，尤其是基于中医（或者说传统医学）基础上的医学领域，极为充分地体现了人们对于知识、科学、经验、信仰等方面的观念，恰恰是理解人类的"类存在"的极好的窗口——而对这些方面的兴趣，正是来自我导师王邦虎先生的影响，不过他当初是基于对教育领域的考察。我认为对人的"类存在"的关注，是人类学的精义所在。

　　回顾我的人类学之路，从历史学，到社会学，再到人类学，以及人类学里诸多横跨传统"文理"分类的领域，这种跨学科的学习，让我受益匪浅：我从不受限于学科的限定。而最大的麻烦则是，我可能最终会坐在地上——这正是帕瓦罗蒂的父亲对他的告诫，如果你想同时坐在两把椅子上，那么可能只会掉在两把椅子的中间。不幸的是，我不仅想同时坐两把椅子，还想坐在更多的椅子上。"21世纪人们的知识结构绝不可能是单一的"——我只能这么安慰自己。

蔷薇流氓，灵魂比剑更强

——写与人类学的一封情书

赵 萱

　　有一天，你会遇到这样一个人，他为人温和，又带一些神秘感，他沉稳，嘴角有一丝若有若无的笑容，他会说许多种语言，他看过许多风景，走过许多路，认识过许多人……人海中，他知道与什么人共醉，与什么人交欢。当醉时则醉，清醒时独醒。他的眼神，清澈通透，望向你的时候，仿佛看进了你的灵魂最深处。

——《千万要爱上一个人类学家》

行者无疆，既远游，便初识

　　我曾想过，天底下治得了我的有两件事，18 岁以前父亲的拳脚，18 岁以后举头三尺的神明。我生长在温暖的岭南，那里埋藏着我的乡愁，那儿的人讲风水、善经营，宗族与信仰皆是割舍不断的永恒寄托。12 岁那年，我随母亲去内蒙探望一位回族"大姨"，郊游之际，因为怕弄脏清真寺的大殿，便主动打扫起来，寺里的老阿訇赞许并断定我将来会与此事有缘。对此我并不在意，因为在整个青春期我都希望以父母为榜样，以中文系为求学目标，并许下幼稚诺言：穴居南国，不渡长江。舞文弄墨，潦倒悲歌。18 岁那年，我被保送至北京大学外语学院阿拉伯语系，在家族的集体欢腾中，坐上了北上的火车。说实话，在当时这的确是来自生活的一番嘲讽，直到大二，我才缓过神来。陪伴我大学头两年的是颐和园的四季、三里屯的觥筹、马哈福兹笔下的街区以及英伦三岛的简爱、苔丝与伊丽莎白。

2006 年，因公派留学，我第一次到达中东。从多哈到大马士革的航班上，我叫了三杯不加冰的威士忌，自此暂别了才子佳人、流水惜花的心智，并揭开了此后数年饮必醉、醉难眠的游子生涯。在叙利亚的这一年，我几乎走遍了叙利亚大小城镇，造访了中东五国，在霍姆斯湖畔仓皇借宿，在贝鲁特忐忑游行，在奥吕德尼兹尽享天体；也是在这一年，我结交了第一位阿拉伯朋友，他是学生村的守夜人，我们曾荒唐地开始过批发女士胸罩的生意，被周遭人耻笑，但他却教会我如何席地而坐、徒手吃饭，教会我像阿拉伯人一样抽烟与谈笑，同时也告诉我穆斯林的精神与信仰，家族的荣耀与品格。从那时起，我对阿拉伯社群便有了直接的接触和观察，并懵懂地确认家族作为伊斯兰之外另一大阿拉伯社会观念体系和社会基础的存在，至于伊斯兰社会铁板一块的想象早该碎作一地。或许从那一时刻开始，甚至更早的时间，她与我便已初识，生命中如影随形。

回到国内，我中断了在阿拉伯语专业继续深造的念想，决定保研社会学系，进而为她追随持守；社科院历史所的李锦绣老师亲笔为我写下生平第一封推荐信，估计谁都没有想到我会坚持到今天。2008 年，蒙先生不弃，拜入高门。

逐利三载，常相思，长戚戚

　　进入师门的第一个冬天，恩师高丙中便带我南下广州，到番禺沙湾调研、守岁，先生烟酒不沾，谈吐儒雅，和他"以德服人"的访谈技巧相比，我在初次田野中就像"泼皮无赖"。先生回京后，我独自留守沙湾半月，辗转于沙湾祠堂、民间庙宇和文化部门之间，并与何氏添哥深交，添哥慷慨仗义，如同她遗下的一把戒尺。多年来，勤教诲，家门与师门皆不可辱没，而关于宗族、信仰与国家的关系图景也逐渐成形，我尝试按图索骥，探讨民间文化向公共文化转化的历史经纬，发掘地方社会文化场域中的多主体参与和应责现象。欣喜之余，我曾狎词一首，以作纪念：

　　菩萨蛮·沙湾
　　挥春谢灶喜闹春，停停转转路深深。掷笔祠堂去，头香待晨昏。
　　耕堂南岸现，冷雨借茶温。飘色何处起，东西南北村。

　　可在回京以后，我却未能谨遵师嘱，奋发向学，始与她渐行渐远。研究生的前三年，最重要的生活基调是研究生会，从院系里的干部打拼到校会的主席，"打打杀杀"了好几年，仕子之义逐渐取代了游子之心。这期间，我确信先生是失望的，还让他背上了一次"偏心"的黑锅。记得研二的冬天，他喊我到未名湖边散步，痛心疾首地数落了我一番，恰巧一对情侣在冰上玩耍，掉到湖里，我本想偷笑，他严厉告诫我："你看，年轻人不栽过跟头，就不知道痛！"那时候，我经常和金岭师兄自嘲，自己就是个"鸟主席"，现在想想整个师门给了我太多的宽容。那几年，本想过一段"书妻酒妾"的生活，没成想她却莫名做了填房。这些年，我绝少提起自己的研会生涯，但有件事却可聊以自慰，那时白天的生活很杂乱，只有早晚有时间打理自己的事情，我经常在这些时候到研会办公室读书，很惭愧我的主要前期积累都是在这些狭缝中留下的，使得直到今天我总感到愧不如人。所幸她对我的启蒙却影响至今，特纳的《仪式过程》与巴特的《斯瓦特巴坦人的政治过程》是我读到最早的书，让我对秩序、过程、团结等概念情有独钟。

2011 年，一场决定性的政治胜利伴随着一次重大的感情失意让我有心也决心把注意力放回学业，我至少得为我的博士阶段找一个田野；而不幸的是也在这一年，"阿拉伯之春"的强劲暖风在中东大地呼啸而过，国别项目随着国体震荡逐一解体。那两年，先生尤其关注美国，组建了"美国民族志"研究团队，我本想追随他开拓疆野，但他婉拒我，说我还是应该回到中东，回到阿拉伯。2009 年，我曾在以色列有过短期的访学，而那也成了我最后也最有可能的选择，这个国家始终对我充满善意。

2012 年春节后，我突然告知父母和先生第二天将赴以色列，尽管他们都认为我没有准备好，可与她错过了这么些年，总应该兑现一次说走就走的旅行。2 月 28 日，没有题目、没有资助、没有住所、没有积累、没有联系人，我放下所有的戎马一生，独自站在耶路撒冷公共汽车站外，谓自轻叹：这就是我的田野。

穷且益坚，居圣地，苦经营

大多数熟悉我的师友都知晓且褒奖过我的田野，但我不会改变此前做下的评价，即"这是一次失败的成功的田野"，因为在我的观感里，田野应当是一场高贵的流浪，书剑江湖，快意平生，前提是得有钱。

不难想象，四体不勤且囊中羞涩的我是怎样在圣城"高贵"的生活中开始的。以色列的物价高得惊人，贵得可怕，尤其是耶路撒冷，"一掷千金"在我早年的观念中留存的是美好的意象，但在这里却是一个灾难的现实，我的田野与其说像一次既定的规范的学术研究，不如说是一部被动的狼狈的"难民史"，更悲哀的是，我得挣钱养活自己，还得省钱照顾她。田野只做了不到两个月，我就受不了了，最可悲的是一直没有合适的住所（我一直住在宿舍）和确定的题目（我不在阿拉伯社区）。四月份，先生告诉我他申请了一笔一万元的校友基金，另外授予我两个绝处逢生的"锦囊"，基金到今天也没有到账，但当时还是给了我一点心理慰藉；而"锦囊"的确逐步治愈了我躁乱不安的节奏。先生说，当田野无从下手时看看第一个"锦囊"：如何在国家之内、社区之上观察文明，老实说这一条在当时一点用都没有，但却在田野结束以后药效发挥，健体强身。先生又说，当看了第一个"锦囊"还是不知所措时拆开第二个"锦囊",而这条"锦囊"是使我最终坚持了 15 个月的金科玉律:人总是要活着的!我想,这既是对土著人的定位,也是对我个人。

因为要活着,所以我既要节流更要开源,我第一份工作是在一家阿拉伯人开的中餐厅打工。餐厅生意十分萧条,我既是洗碗工、服务员、厨师、领班,也以经理身份随老板到以色列各大旅行社介绍菜单,但生意还是没有改善,并不能每天开工。我的工资连日常的开支都无法支撑,经常需要打包客人们吃剩的肉菜回家。老板人很好,也是我早期重要的报道人,闲暇时常与我交谈,每次还会多煮些米饭留给我,要知道当地的大米我是舍不得买的。那时,我已经租住在橄榄山上,房间是一户当地民宅天台上的违章建筑,夏天奇热,这样的房子每月需要支付四百多美金的房租。由于单身男性的身份和社区内的性别禁忌,我很难住进阿拉伯人的家中,找到这处住处已颇为不易;但日子过得还是很开心,因为我终于可以在田野中打量、计划和经营我与她的生活。

在橄榄山上的这段日子,我结识了一批因为生活所迫所以成为的报道人,例如房东、老板以及施赠食物与钱财予我的教会牧师。感恩于此,我为这里取名榄村,橄榄山是基督教和犹太教中的神山,因此散布着不少教堂和祷告院,还有满山遍野的犹太墓园,但社区里生活的大多是阿拉伯穆斯林,隶属于不同的家族。尽管位于东耶路撒冷的巴以边界地带,榄村却很热情嘈杂,在这里可以结识来自各国的各色人等;在局势不定的耶路撒冷,社区中蕴藏着团结,也暗含着紧张。家族、宗教与国家再次构成我观察的核心对象，并培育、衍生出我后来关于文明与国家之间、土地与领土之间、边界与主权之间关系的民族志思考和理论诉求。

也许是流淌在我血脉中的家国情结，也许是倾向于内婚制的阿拉伯家族强大的整合力量以及从地缘政治到生命政治的理论转向可能性，我始终认为应当首先从家族及其亲属关系实践入手理解阿拉伯社会，而不是宗教和民族；另应从主权控制和象征占有的错位性冲突重构巴以冲突的叙事，而不是简单地基于民族国家。因此亲属关系和社会政治是她最初为我贴上的标签，文明则是先生后来为我添置的。

在榄村只住了四个月，我便不得不搬家了，因为付不起房租，显然饭店的工作只能解决吃饭的问题，而负担不起房费。我在搬家前的最后一天还不能确定明天应该搬去哪里，那种窘迫现在想来都很无奈。幸运的是，每天反复念叨"如果真主愿意"的阿拉伯"老铁"第二天下午告诉我可以搬去他家，因为他唯一的妹妹终于协调好夫妻之间的矛盾，搬回夫家。这位"老铁"的事迹确认了我受过的一个教导（自助者天助），此前他的朋友身陷囹圄，向我借钱解围。尽管拮据，我依然慷慨地借出了1000美金，并且甩下过一番豪气的话："你让我很生气！因为你竟然是在最后一天才来找我借钱！800美金我没有，我可以借给你1000！"当然也是因为这笔欠款，我原本计划在榄村生活六个月的想法泡汤了，但"老铁"却还给了我一个与阿拉伯人同吃同住同劳动的现实。那年秋天，我搬到了山下的谷村，每天晚上我、他和他的一个弟弟挤在一间房间里，其中一个人得睡在地上；每天早上吃着他母亲准备好的食物，耐心地听着阿妈关于"早点回家吃饭"的唠叨；空闲时帮助他的父亲打理木工作坊的生意，做做搬运和清洁，或充当皮卡司机，以此"换取"免费的住宿。

谷村比起榄村寂静许多，阿拉伯家族与穆斯林社群的生活面貌则更为全面深刻地展现在我的面前，她对我说，恭喜你真正进入田野。我就此广泛地参与到当地人的生活世界之中，族谱、五功、生意、拜节、聚会、婚礼、械斗、谈判以及一系列千丝万缕的家庭琐事，并且试图找寻家族与伊斯兰在日常生活中的紧密联系，以此注释"强栅格-强群体"的早期判断，并最终对民族国家的型构发出挑战，国家不在，秩序犹在。这一秩序既依存于国家，也有赖于向上无限延展与向下紧密收缩的、两种互构又异构的"超社会体系"力量，它们同时对主权、领土和边界的僵化定义构成冲击，进而强调认知上的改变。莫斯、伯纳德、科赛、罗森菲尔德、寇恩在一页页红袖添香的夜读中闪过，在这一时刻，我才第一次发现我与她离得是这样近，也因此不再怀念和追问那些耗散的从前，韶光是否静好，湖塔是否如初。其实自早先搬入榄村起，直到第二年回国前夕，我都没再与先生联系，人总是要活着的，而活着总要靠自己吧。

富贵不淫，葬情爱，殇离别

搬入谷村后，田野进展得很顺利，时常还可以回到榄村拜访，但耶路撒冷作为一座国际城市，各种诱惑和疑惑致使我没法蜗居在东耶路撒冷的小村里践行所谓的"经典民族志"，我需要更深地触摸这座城市、这个国家和另一个民族，以此反观对中东社会的理解。但现实依旧很残酷，虽然解决了温饱，但因没有足够的进项，我的财务始终下行，并已探底，我需要一份新的工作。那个时间，我特别感谢那位阿妈，她不仅收留了我，有一天她告诉我，她在早上礼拜时做了一个祈祷，祈祷真主让我可以找到一份工作。我觉得直到我离开的那一天，她都没有认为我是一个研究者，而是一个需要工作努力生活下去的人，谢谢阿妈！

也正是因为想走出山村，努力生活下去，我遇到了一位非常重要的朋友，金金。金金来自河南，在以色列生活多年，是一名拿到国籍的"开封犹太人"。我大半关于犹太人的知识都是她分享给我的，金金就像一位阔别多年的姐姐十分关照我，如果没有她，我的田野生活将不会完整。金金为我介绍了一份导游的工作，因为签证的限制，我从接送机开始做起，直至成为团队导游，并可以带游客到钻石中心。2013 年的春节，为了挣够足够的钱，尽早结束田野与生活的分裂，我真实地中断了田野，离开了谷村，用一个多月的时间带团导购。好像也是在这时期我有了中年男人在外打拼、养家糊口的错觉，但我始终记得她在等我回去。

在卖出一枚价值 35 万的钻戒后，我在耶路撒冷最好的酒吧痛饮到凌晨，庆祝我的解放、成功与回归。事实上，我遭遇到很大的迷茫，我觉得我可以一直挣钱挣下去，最后在以色列定居，娶妻生子，做个有钱人，但谁又不会为她放弃所有呢？

随后的几个月，我回到过榄村和谷村，去到过以色列最南的埃拉特和最北的希门山，住进过老城犹太老奶奶的家中，也在西岸小城阿布德做过阿拉伯基督徒与上帝教会的调查，我开始不再用伊斯兰、基督教或犹太教来描述这片土地上的圣城与圣民，而是试图通过日常生活中的宗教生活与空间政治来涵盖，先生所说的第一条"锦囊"也许指的就是观照宫闱与闺阁之间的江湖之远。如果不是因为博士延期的事项先生与我联系，我可能会待到年底，将对宗教与城市的观察延伸下去，也因为如此我的田野其实是残缺的。

临行的一天，阿妈隔着车窗对我说，如果路上有人欺负你，你就和他说，我是你的妈妈，你来自谷村的拉贾比家族。再见吧！耶路撒冷；你好吗！北京。

2013年5月，我回到北京办理延期，本想试着暑假再回去一趟，先生说回去可以，但要么不去，要么再去一年，想想便作罢。7月，我被派去陕北调查非物质文化遗产，直到国庆才完成报告；11月，看着发白的博士论文文档，心里不住发慌。2014年1月6日，是我在校十年最糟心的一天，七万余字的草稿被先生打回重写，写不完就不许毕业，我在西门喝了一夜的酒，直到天亮。然后，我头一回连着两个春节不能回家，在吉野家和肯德基吃了年夜饭和新年第一餐，一个冬天码了二十多万字，在3月交上了题为《是非之地的冲突与文明——东耶路撒冷的民族志》的初稿，勉强基于性别、宗教、政治、社团四个区块的冲突与弥合拼凑了些材料和想法，后来我与人自嘲，我的论文和本人一样，既不草根，也不文明。随后，又在申请毕业的最后期限上交了终于见刊的两篇毕业所需的文章（皆与田野无关），在系统关闭的最后一天下午完成了答辩，教务处的于小萍老师语重心长地对我说："如履薄冰，聪明人千万不要干蠢事。"

没错，我就是这样连滚带爬地离开了生活了十年的燕园，刘倩师妹和家驹师弟就像两支拐棍一路支撑着"残疾"的我。哪曾想，来的时候少年惆怅，走的时候中年危机；进校时恍惚，离校时彷徨。毕业时，怆然写下：燕园十载寒窗苦，此间再无少年郎。在这最后一年，她，惊艳得可怕；我，孱弱得可以，我觉得我不适合和她继续在一起。

清明坐起，驱虎豹，拒熊罴

2013 年的冬天，我便曾向先生询问前程，我说我想去个南方的国企，回家、有钱、有身份，先生断然拒绝与嘲讽，并与我作下五年之约，五年内完成一篇理论综述、发表一篇文明人类学的文章、出版博士论文，然后我可以选择我想去的地方。

感谢先生，感谢包智明老师，感谢浩群师姐，感谢同窗伟华，让我这样一个丢盔弃甲的逃兵最终还是留在了北京，继承了父母的职业，捧起了教书的饭碗。2014 年，我入职中央民族大学世界民族学人类学研究中心，有趣的是，由于人员分配和学生培养问题，我成了社会学专业的教员，却指导着民族学专业的学生。她，自然还在那里，不悲不喜，不远不近。

入职头一年，若不是师姐帮助，我在成果一栏得挂零，我发表的第一篇文章登在了《世界民族》，意外地与穆斯林女性和婚姻有关，这确是我田野中最头疼的部分，切入点依然是家族与信仰，我也是从那时开始在公开发表的平台上为阿拉伯家族研究寻找空间，希望回应和结束伊斯兰路径一统天下的局面。2015年冬天，在首师大一场公共文化学术会议上，我惨淡的报告再次令先生失望了，当时添哥也在场，先生趁我取车之际，对添哥说，我还不会发言和写文章。后来添哥告知我此事，我既羞也恼。寒风中，我瞥见她看着瑟瑟发抖的我，一脸鄙夷。

荒废了一年半的时间，我决定回到北京大学阿拉伯语系听吴冰冰老师上文化课，重新学习怎样做中东研究，惊叹于老师的博闻强识、纵横捭阖，我却只能在清明时节怀着巨大的失落和茫然枯坐在中央民大一隅。有谁会相信，"垂死病中惊坐起，谈笑风生又一年"的奇闻，或许一无所有的人最有勇气和欲望吧，我曾在耶路撒冷一无所有过，一口剩菜就能欢喜一天，就在哀怨平生的那年清明，我遇到了最重要的两个学生——玺鸿和炳林，他们拉了我一把，"老师，站起来！"玺鸿谈起了他从初中到研究生以来求学的不得志，炳林讲起他在新疆阿勒泰蹉跎的那两年，谁没点事儿！？

毛主席曾在《七律·冬云》中作下"独有英雄驱虎豹，更无豪杰怕熊罴。"我一直认为这才是他最霸气的诗句，直接、敞亮。从2016年4月起，我开始阅读和书写，开始坚持坐班和规律的生活，我学习查阅史料、关注时政、申请课题，并涉猎政治地理学，认识了大卫·纽曼、阿瓦拉兹、埃曼和德·杰诺瓦的作品，感谢海洋老师、浩群师姐、晨燕组长和袁剑学兄等前辈同仁持续的宽容和不间断的帮助，更是在一位位学生身上找到了缺失已久团结的力量，我渐渐发现了学术的乐趣，也察觉到自己的可能，而她一直就在我一转身就能找见的地方。

从 2016 年底新疆霍尔果斯调查开始，我所关注的概念从文明、家族扩展并深入到边界、领土与生命政治，在东耶路撒冷的田野中，由于圣城所具有的中心意味和神圣内涵长时间干扰着我，我似乎看见了"社区之上"，却始终不理解先生所说的"国家之内"，更不明白他所谈到的"文明"到底指向了汤因比还是莫斯；他所谈到的源于费老的"世界社会"如何与"世界社会与民族国家"的理论流派相联系。这些问题在我出离田野后逐渐有了似懂非懂的想法，家族、宗教与国家是从定义主体来观察社会，而边界、领土与生命政治是从概念反思来理解世界，看似可以对等的主体在日常生活的不同空间维度下却生产和展演出错位性与过程性的实践，也就是从"是"（be）到"存在"（being），从文化复合到聚合的认识转向。

2017 年夏天，时隔四年，我重返耶路撒冷，耶路撒冷仍然是圣地上的耶路撒冷，但我清楚地识别到这也是巴以边界上的耶路撒冷、命名为首都的耶路撒冷、阿拉伯家族的耶路撒冷、"老铁"一家的耶路撒冷。因此，我的写作需要暂时告别对家族各类关联性实践和穆斯林社会生活的描写与解读，而向巴以冲突叙事、领土/土地之争、边界与主权的理论和方法论探析迈进。在这次新的旅行中，我阅读到自己的衰老，但也阅读到成长。

2017 年 9 月，随着机构调整，我终归回到了她的讲席。

永远年轻，永远热泪盈眶

我想过，天底下我敬重的有两件事，三十岁以前对得起父母师长，三十岁以后对得起祖先神明。我成熟在坚毅的北国，这里收藏了我的青春，这儿的人讲人情，爱奋斗，现实与理想都是无法放弃的生命坚守。我想我是爱她的，我为她放弃过家乡、地位与财富；我想她会爱我的，她回报我时间、机会和友谊。

千山暮雪，难忘来时路。

柳暗花明，不过旧前程。

从明天起，做一个油腻的中年男子，保温杯泡枸杞；

从明天起，善待妻子、孩子和朋友，居家、读书，过日子，厚爱每一位陌生人，如同她曾厚爱我。

田野歌声，乡土格调

人类学家组合

　　人类学家组合是我和许瀚艺在七八年前搞的一个弹唱组合。我们2007年在北京大学吉他协会认识，常和协会里很多人一起在北京大学讲堂门口摸黑弹琴唱歌（俗称扰民），渐渐地我们搭伙排练一些歌，从那时起我们又一起听人类学的课，虽然他在

2017年夏，在苏南棚改遗留地和田野对象谈天

外国语学院，我在哲学系，但共同有了今后搭伙做人类学家的幻想，在排歌的时候也想整些有人类学意味的东西，"人类学家组合"就是这么在 2010 年左右我们进入硕士阶段的时候组起来的。

当时我们理解的人类学意味，主要是指对真实社会有观察，对田野、土地、劳动人民有亲近。冲动真诚，想法粗陋。而且很显然这是两个人类学门外汉才会起的组合名字，到今天我们已分别进入人类学不同分支的学习和研究，察觉到了当时自己的无知和笨拙。

其实我们演、写的歌完全可以更朴素地来标记：它们就是一些民歌和一些三俗歌曲。下面我列了 A、B 两面小歌单，A 面是一些我自己称为民歌的，B 面是我们翻唱和创作的三俗歌曲。由于技术原因，我们无法在正文中逐首添加音频文件，因此不得不将几首歌合并为一个文件，希望大家听得开心。

A 面曲目：

1.《弟子规》（00：00—01：07）

2."诗经四首"（01：07—07：04）

3.《归园田居》（07：10—08：12）

4.《长歌行》（08：15—09：40）

5.《春日偶成》（09：43—11：40）

6.《女儿经》（11：45—13：32）

我们自己写的歌并不多，其中大部分是谱曲，而且还是儿歌。这是我们参加哲学系中国哲学师生在云南的长期支教活动而写的。最早是两位中国哲学学生韩骁、徐尚贤在写，他们也是我们在吉协的好友。支教的教材以儒学启蒙文本为主，学生是大理、楚雄、广南等地乡村小学的孩子。为使教学不枯燥，韩、徐二人开始把《弟子规》分章谱成儿歌，写到中途时我加入了。这个时期借鉴的是学堂乐歌和谷建芬，A面中的第一首就是我们在 2009 年左右模仿学堂乐歌在韩骁宿舍集体写歌的片段。

2009 年冬，在大理乌栖村村小教歌

2010 年时许瀚艺也开始在假期参加支教，而这个时候《弟子规》已经在几个村小唱滥了，缺乏新歌，我们就开始寻找适合他们唱的《诗经》来谱，最后我们谱的都是"风"，因为

"风"更有民歌性。当时社会上有不少相关篇目的歌曲,但要么是复古派的唱诵,要么是很成人化的艺术歌曲,不好拿给小孩子唱。许瀚艺就开始写更"儿歌"的诗经歌曲,旋律更上口,和念白时的音调起伏更接近,实际上有时候念着念着旋律就出来了。这批歌写的效果很好,光诗经系列就一口气写了四首,包括《燕燕》、《木瓜》、《子衿》以及《野有蔓草》。从支教回到学校之后,经同学赵轶凡的改编,这"诗经四首"成为合唱作品。A 面中的第二至五首是由北大新秋合唱团演唱的"诗经四首",我们认为这是一个经典版本。

诗经之后,我们又写了一些古诗歌曲。主要是不想再写四言歌了,转战五言。这里面有两首写得有点意思,一首《归园田居》,一首《长歌行》。其中《长歌行》是美式乡村风格,唱得很热闹,小孩子很喜欢大声反复最后一句"老大徒伤悲"。

同期徐尚贤也谱了一首古诗《春日偶成》,比较耐听。后来我和许瀚艺稍作更改,录制了一版。放在 A 面中以飨各位,也忆一下亡友尚贤。

云淡风轻近午天,傍花随柳过前川。

时人不识余心乐,将谓偷闲学少年。

上面这些,都是在借到一个高级录音笔的情况下在当时的宿舍录制的,录好以后由我们自己,或者哲学系其他学生带到村里,还有一些歌是用小 mp3 录的,音质很差,但当时高级录音笔过于稀缺,常常也就是带着极为不清楚的录音笔上山进村了,学生们就跟着含混地学。实际上最后他们学会了、大声唱出来,早已和原曲差得远了,站在远处听还以为是什么本地歌

**2012 年秋，北京大学哲学系百年系庆音乐会上的演出，
从左至右依次为许瀚艺、林叶、徐尚贤、韩骁**

谣。但是唱这个行为本身让不论教的人还是学的人都很有劲头，
写的旋律也还是有很强的流动性的，所以还算是个好的、让人
不无聊的发明。

　　写歌、教歌的过程是最逼促人反思支教行为的。我们写的
歌在音乐风格上是平地汉人的，而且也有一点流行，但接受支
教、学习这些歌的是西南山民子弟，讲彝话比讲汉话多得多，
既跟着电视听歌也跟着村里成年人频繁地参与地方性音乐活动
"打歌"。那时候有人批评说支教尤其儒学支教就是意识形态
灌输，与传教无异。我想我们写的这些算是在灌输行为中插科
打诨的东西，还是有调和意义的。一方面我们既不追求音乐上
的所谓古风，也根本不打算教他们把这些歌唱得多么准、如何

像，另一方面我们也希望他们确实爱听这些歌。在写歌的时候我是想着诗的意思和腔调来的，因此在唱这些歌的时候，我觉得歌最好既成为原诗的一种形象，又有一些走样，以便模模糊糊地只是"经过"这些被我视为交流对象而不是教授对象的乡村儿童。从事实来看，这些歌在我们教到的地方确实很受欢迎，因为这些山民子弟对打歌歌谣和流行化的古诗儿歌同时包容。

我们给诗经、古诗的谱曲都是在乌栖村完成的。伏卧哀牢山脉的乌栖山和我们在几年间陆续观察和生活其中的村小是写作这些歌时所面对的天地。这里于是意外地但也不由自主地成为我第一个田野地点。一个城市高校儒学支教团队里混搭进来的教歌老师也就成为我最初进入这个村子的身份。支教结束后我们在山上住下数日，校长回山下老家前没有留下灶火房钥匙，村子在山上又无集市，只有油盐买卖，没有米面主食，全靠这些学生帮忙，搬砖垒灶，偷柴，拿家田家圈里的洋芋、鸡蛋来。我们每天煮几十颗鸡蛋、两大袋洋芋，带着十几个大小孩子转村、爬山、做客，他们看待村庄的眼光、日常的语言，成为我观察这个世界最重要的引导。后来我写的一篇小文章《卷入"发展"的边疆民族传统与反抗——一个山地民族志书写》就是在被他们带去山顶看火把节过程中的观察和想法，可以说完全是拜他们所赐的。

《女儿经》是我在广南女童班支教过程中做的命题作文，命题者的初衷是让我帮忙把冗长平淡的文本变成有意思的可学习之物，利用这个机会我把这个腐儒式的文本改掉了。首先当然

2012 年冬，大理乌栖村村小，午休时的许老师和一年级学生

是改短，其次是将那些顺服之言改作它词，比如"习女德，要和平，女人第一要安贞"改作"习女德，要和平，父母跟前听教训"，再比如"家中纵有不平话，低声莫叫外人听"改作"家中纵有不平话，语低心平理清明"，以及在删掉数行所谓女子贤德后，将结尾改为"女儿才德莫自轻，古来女儿落英名"。这首歌是刚下火车、将上讲台之间的一夜里改写、作曲的，最后成为那一次女童班极为爱唱的曲目，她们所演唱的版本极富本地式的悠扬，使人听不够。

接下来的五首是我们翻唱或自己写的三俗歌曲。第一首是《穿上彩虹衣》原唱南王姐妹花，第二首《一走就是几万里》由崔文钦、吕淑娴改编，第三首《衣锦还乡》原唱杭天，第四首《游戏机》原唱马飞。第一首是 2012 年北京大学吉他协会迎新时录制的，之后三首是 2016 年 3 月我们在波士顿一栋公寓地下室里和在波士顿的吉协老友共同演出的现场录音。

2016 年 3 月，波士顿某公寓地下室里的人类学家组合

最后一首是我们自己写词写曲的歌《夜生活》。某一年夏天半夜，我们从五道口往北大东门走。途径北大物理学院，见到路边有张废旧沙发，上面躺个人。这人正在睡，一手插在裤裆里，这是《夜生活》的写作契机。

这首歌只在吉他协会迎新时演过一次，留下了台口录音。这是我们自己最喜欢的台口之一，因为现场观众呼应，十分默契。现将录音与歌词辑于此，写得不成熟，请大家多多批评。由于篇幅有限，歌词未能尽录。大家如有兴趣，可在人类学家组合的豆瓣小站上查看全部歌词。

《夜生活》片段
词：林叶　　曲：许瀚艺
夏天的晚上
我出来乘凉
地上有点儿热
我的衣服也有点脏

十二点在大街上
摇摇晃晃
看卡车没有牌照
一辆接着一辆
城市的生活
就像盖楼房
拆了又盖盖了又拆
总是瞎忙

没有夜市
没有人像我一样闲逛
许多人来来往往
都和我不一样

哦～～～

这里的红灯

哦~~~

总比绿灯长

B 面曲目：

1.《穿上彩虹衣》

2.《一走就是几万里》（00 : 00—03 : 35）

3.《衣锦还乡》（03 : 40—08 : 05）

4.《游戏机》（08 : 08—13 : 02）

5.《夜生活》（13 : 06—19 : 22）

入门人类学的一点跌宕花絮

曦　力

　　很多年前的一天，和往常一样，没事的时候在家看书。那天看的是费孝通的《生育制度》。

　　看着看着我隐约感到这好像就是我一直在寻觅的一种学问，用一种少见的视角把司空见惯的生活说得有轮有廓。后来我知道了这种视角叫作"在叙述和分析中对文化产生反观"。那会儿只是莫名惊喜，就去书房查找作者出处。然后知道了有个专业叫人类学，有个学校叫伦敦政治经济学院，费孝通在那里做的博士，导师是马林诺夫斯基。那时的我，虽然从小一路名校，本科读的经济学，现在想想却好像挺孤陋寡闻，知道美国有哈佛，英国有牛津剑桥，没听说过伦敦政经和人类学。从复旦大学毕业后，我很想知道学校外面是什么样，刚好碰上国际发展项目，就参与其中。团队里多是英国人，各个行业的专家。和他们一起工作，社会学家对我影响特别大；做调查时，我常常问自己前十几年的书读的是什么。

　　于是，作为业余爱好者的我开始关注人类学，有空就找书看。那时接触了一些人类学学者，觉得他们很特别，对普通人的理解力强，好像也特逍遥。又过了两年，几经阴差阳错，我到了伦敦政治经济学院的人类学系读硕士。之后就在这个系断断续续度过了七年光景，硕和博。没有七年之痒，爱只与日俱增。再后来在德国做博士后的时候，有一次碰到系里那时已经退休的一位大牌教授，我说回望来时路，我常常会想那时到底是什么让我们这些愤青鬼迷心窍心甘情愿地把美好的青春岁月蹉跎在了老楼的六楼上（人类学系的位置）。他大笑。

入学的时候我已经在英国读过一个以应用为导向的社会发展硕士，加之以前和英国人工作的经历，文化差异感就淡了。这一点对后面的学习帮助很大。但是科班人类学零起步，又是在这个系，挑战还是频频让我窒息。记得让我们读《西太平洋航海者》的时候，我花了好几天才明白，"库拉圈"就是一种叫库拉的珠链子，没必要再去追问它为什么叫库拉。要把民族志作为一种"科学数据"去思考，于那时的我基本是颠覆三观。硕士课程的时间只有一年，但阅读资料多到离谱，没有任何"对学生友好"的意思。一门课几十本书，怎么读是学生自己的事，只被告知考试答题时不要让阅卷老师觉得你只读了一部分。这些现象后来都有了很大改善。不过英式独立精神也就在那时的百般迷茫和不知所措中铸就了。慢慢地，我改变了很多以前的习惯，炼成了后来辗转各国游刃有余的独立生活能力。

就这样我开始了人类学之旅。如果那时就知道后面的波澜壮阔，可能就没勇气上路了。无知者的无畏有时让人感动。

我读的专业叫"人类学与发展"。一门主课在发展系，一门主课在人类学系，其余的课学生可以根据自己的兴趣在这两个系任选。我走马观花地把大部分课听了一遍，然后全选了人类学系的课，亲属制度、性别、认知都是那会儿开始系统看的。后来我才知道班上绝大多数同学都选了发展系更"时髦"的课，比如发展商务、发展金融什么的。现在想想，我的学术兴趣从经济学，到发展学，再到人类学的大幅逆转大概就是那时定调的。

为了对付阅读材料，高考后就摘掉的眼镜很快又戴上了。学校发的资料多是颇具英国特色的"微缩本"，字体小到可笑。记得读《共产党宣言》那本小册子时，戴上眼镜我也看不清，就又找了一个放大镜贴上。基本每个晚上都是黄卷青灯苦读做伴，但苦中是有万般甜的。一直不懂那时哪来那么大的热情，也许因为很难，也许因为喜欢。

休息的方式多是去巷子里的酒吧喝一杯。英式酒吧很有特色，温暖却不喧嚣，小巧却不拥挤；人们说话的声音通常很低，除了看球赛的时候。和店小二聊天，吃完花生他免费再送我一碟，是我很美的回忆。除此之外就是和那时远在国内的伴侣通电话。几乎每天打，很详细地分享工作、学习和想法，常常说很久，常常争论到扔电话，常常聊得很远很深。

我最喜欢的一门课，是人类学系的主课，讲经典社会理论和民族志之间的关系。这门课很理论，授课的老教授也很严厉。课程配有讨论课，记得有一次讨论课安排我讲韦伯，我就不知天高地厚地答应了，心想准备一周应该可以对付。真够自信，无知者真无畏。我讲的那天，准备了二十多页材料，等我把第一页念完，老教授挥手叫停，颇有英式幽默地说，你好像还有很多页要读给我们听，但我们已经听够了，让其他同学讨论吧。现在想想，那时的我真坚强，居然没被损哭。后来这个课学生少了。老教授又说，现在喜欢理论的人越来越少了，可能说明我们这个物种会进化地越来越简单。我一直是这门课忠实的粉丝，多年后再想起，竟更加理解那时教授的严厉了。

通知期末考试成绩的时候，我和伴侣在法国马赛溜达。我还记得打开邮件时手是抖的，看见开始几个字"恭喜"什么，我快速往后面扫描哪儿有数字，就看到了一个个山花烂漫的分数。好激动啊。那一年即便过得少有的清苦和认真，却没有奢望，没想到分数竟在优线上打转。邮件说，在出了名的苛刻评分下，真要恭喜你。我一下子跳了起来，拉着伴侣转了好多圈。他显然懵了，说你没事吧。我出门冲到海边，午后的暖阳与海风为伴，我觉得已经别无所求。

生活好像不时让我有这样的感受，一高兴就庸俗。如果不是意外的好成绩让我乐了，我不会回伦敦去参加 12 月份的毕业典礼。如果不去，以后的生活可能就很不一样了。人生也许需要一点庸俗去点燃。

毕业典礼后系里有个派对，我去参加，碰到了一位很喜欢的教授。我突发奇想地问她读博怎样。她就问了我硕士成绩，然后轻声却坚定地说："写申请信吧。你应该写。"就这么简单，我就被她身上一种安详的力量征服了。

好像觉得以后的生活有了方向，回来后我开始欢天喜地地张罗申请。仓促准备，除了一些基本事实，研究想法可能多是"想象的他者"。那会儿觉得胡诌理所当然，现在想想，无耻又汗颜。不过虽说在胡诌，也是尽力了。第二年春天，收到了录取通知书和奖学金单子。打包，回伦敦。

博士第一年的主要任务是写研究计划。开始交的几稿都被轻松否定了，但那没让我意识到写这个计划有多麻烦，可能也因为前面比较顺利。我趁这段时间又听了很多之前没来得及听的课，相关的不相关的。印象比较深的有宗教和本体论人类学，特别晦涩，但不知何故，就想听，能懂的时候就狂欢。那一年除了写研究计划，还要另外写一篇万字文，我不知天高地厚地选了宗教人类学里"苦行"这个题目。不知天高地厚的感觉真好，除了写作费点劲，没别的担心。那文章后来得了优，又被王铭铭老师发表在他主持的《人类学评论》上。无知者真无畏。

这样一来，主要任务写研究计划却给耽误了。那时关于中国的研究已是铺天盖地，我左看看右看看，觉得都有意思，但每个题目再多想一下另一个题目就又冒出来了。我的研究问题也就跟着这颗攒动的心和漫无边际的狂想频繁地变化。过了一年也没确定要研究什么。大概能说出来的，还是类似于中国传统现代，现代传统中国，儒家道德文化都怎么了，这样一些念经似的唠叨。

那个夏天就没敢乱跑了，不明就里地觉得头上压了一座大山。伴侣来伦敦陪我。我觉得让他过我这样清苦的生活很不忍，就不时陪他去做点他喜欢的事。这样东一下西一下，思想深不下去，计划也写不好。交稿的时间到了，串了个自己也不知道在说什么的东西交了，心里很不安。

反馈回来了，痛批超过我的想象。如果翻成中文，语气大致是这样：该生岂有此理，竟敢拿这么一篇水货来交差。框架没条理，方法不靠谱，目标不明确，文献没关联，不知所云。该生很可能不适合做研究。按照程序，有三个月修改期，要大改，全改，重写。之后再审，能过就过，不过也正常。

导师怕我没意识到问题的严重，给我补充说明，我们这里历史上研究计划被勒令修改的不少，但少有评语语气这么强硬的。同学，你怕不怕？

怕什么？其实我还有点窃喜。我知道那研究计划的质量；如果那么一个狗屁不通的东西都能过，我还真怀疑这个名声在外的系了。这下我不怀疑了，他们很较真，我喜欢。

可是它牛归它牛，我怎么办呢？那时我已回到国内，准备做田野。这样一来拿着这么个半搭子结果，我就哪儿也不能去了。很愁，时差好几周没倒过来。于是白天睡觉，晚上写，几个礼拜没出门，人就变颜色了。据说我那时的脸色像日本艺妓，刷白。

又串了个东西寄过去。很久没消息，我写信催问。回复说："恭喜，同意你以刚刚及格的分数通过，不过这样你也算是博士候选人了，去做田野吧。"

很勉强，我还是喜乐；自己做得不够好，但总算可以做田野了。这算是能入人类学的大门了吗？从看费孝通的生育书到这会儿多久了？六年了！终于可以开始了！

之后的三年，不知不觉地变得像佛教修行里的闭关。闭关的坏处是人会变得像师太，好处是能看到知识森林深处的柳暗花明。此处我略去万字，不在花絮里写更多的学术，修行的别样也不愿再回首。那几年里，导师们慢慢不再挑我文稿的毛病了，越来越多是满满的关怀，让我悠着点，让我不要改。和同甘共苦的同学们开始惺惺相惜了，独自写作却没有孤独感。那时有一种压倒一切的停不下来的感觉，觉得世界上没有任何别的东西能吸引我的注意力。那种长时间的专注感，我觉得是做博士研究最好的回报，大概也是到现在为止我感受过的最好感觉。论文写出来了，在师生的一片赞美声中被评为"原创佳作"无更改通过。同时，我拿到了德国马普所博士后的邀请。

博士后之后回国。这期间我的生活和工作经历了一系列重要又惊艳的变化。这些过程里上演的人间戏剧更让我看到了成为一名人类学学者的必要和美好。前段时间导师来京讲学，又关切地问我，对于未来，你怎么打算？我说，有些茫然，但更多的是兴奋。生活如此多娇，不论有多艰辛，能与人类学为伴总是最大的幸运。而这些年来沁润我心的那些晦涩又润泽的知识，于我们今天这个五彩缤纷的社会，于我们认识这个社会，认识自身，会有什么样的作用呢？我拭目以待。

从一花一叶，到天地山水

李静玮

一、破碎的故事

在许多民间故事里，第三次是一个重要的临界点。再可怕的妖，第三次撕不下符咒，也要望着主人公喟叹；再无辜的乡野少年，第三次说谎大叫狼来了，也无人搭救；再圣洁的少女，她忘了护身的项链，遗下天神的肖像，面对屋外哭嚎的野鬼，也禁不住第三次的恐惧。

当伟华兄第三次邀请我写自述的时候，我终于认真了起来——恰逢岁末，新旧更替，也是时候理一理思绪，回头看一眼来时的路。

我出生在湘南的一个小镇，那里有一条弯弯曲曲的河流。河的这头是李姓人家，河的那头是邓姓人家。记忆里一次婚礼，河这头的女人嫁到对面去。大红色的炮仗衣铺了一路，覆满了桥面，延伸到远方。

那个时候，我开始尝试成为一个观察者。我想发现河水里的水怪，夜间偷食贡品的小仙，还有睡在牌位后的祖灵。我看着阿姐恋爱的脸上泛着红晕，母亲织毛衣时一阵叹息，祖母去世了，祖父一个人安静地坐在屋里，泪水却止不住滴落。

最初，我藏在被子里阅读各类文学作品，从马尔克斯、尼尔盖曼，到郑渊洁、张爱玲、白先勇。人类仿佛有无穷无尽的想象力，能穿透天上地下，横跨文明之界。想象的迷人之处还在于其丰富的象征——在书写鬼怪的时候，作者可能在谈阶级与权力，而在现实主义的题目之下，也许又飘荡着弱者心有余而力不足的魂灵。

八年前，我结束在一家少儿期刊上的连载，出版了自己的第一本小说。里面的精灵们便来自那个现实与想象交织的童年。那个时候，这本书给了我很大信心，而年轻的我也以为，未来便是这样了——我将继续搜集故事，讲述故事，像一只蜂巢中孜孜不倦的工蜂，每天乐此不疲地重复同样的乐趣。

"写东西啊，要写清楚。"我总是记得，在准备硕士毕业论文的时候，导师这样语重心长地说。

在他看来，我是有些木讷的，又不通人情世故，不免使人担心。

他叫我回他的家乡，采集历史资料，搜集民间传说。也是那时候，我去了那个洋溢着槟榔香气的城市。市中心的院落里，坐着一位与吾师一般模样的先生。我小心翼翼地问，这里可是周家？院里的先生再露出一个与吾师一般模样的笑容，说，是不是周家，你看像不像？

那段时间，是全年最热的时候。我住在城郊的大学附近，每日乘一个半小时的公交进城，一页一页地翻找地方志和档案资料。一线坚定的意志串起了那三个月的生活——我要说清楚这段故事，它的起承转折，来龙去脉，都应一一详述，细致说明，加上脚注，再多多思量。

一年以后，我看到《民俗研究》上与吾师合著的文章，心里喟叹不已。喜的是此前积累下的功夫并未随风逝去，悲的是，当年我并未遂师愿，顺利进入理想大学攻读博士，而是回到家乡的一所大学，当了个不做科研的教书匠。

当年，我也结束了一段沉重的感情。至此，我终于发现，时间并非线性上升的，爱可以反复无常，学业并不永远一帆风顺，而故事里那些曾经鲜活的精灵们，它们听见我深夜在被中的哭泣，一夜之间，全部变成了灰暗的化石。

那一个冬天，我不堪心中的负担，合上手中的《萨摩亚人的成年》，开始亲自用脚探索海外。我在东南亚经过越南、泰国、柬埔寨和马来西亚，又回到西藏，从喜马拉雅山的北麓，来到雪山之间的尼泊尔。

二、雪 山 之 国

"欢迎来到尼泊尔。"回想起来，我第一个有印象的尼泊尔人，就是那时候在前台接待我的丹尼斯。他从小成绩优越，还曾留学日本，在东京有一份体面工作，是家中的骄傲。然而，30 岁那年，一场车祸带走了他无忧无虑的时光。他在医院里昏睡了几个月，醒来之后发现自己腿瘸了，头顶秃了，工作也没了。只有老母亲疲倦地守在床前，头发白了一大把。

"所以，你有什么好发愁的。"他和别人说话的语气总是尖酸刻薄，"你这么年轻，四肢健全，还有钱来尼泊尔玩耍。"

和学语言起家的前辈不同，我是到了田野点，才开始在当地老师的指导下学习当地语言。在村落里，我经常发觉自己想说话，却又无从表达——这种缺氧般的感觉持续了一年，并时不时再次出现。

但是，在人群多元、文化丰富的尼泊尔，不管是精英还是庶民，都很乐意包容我扶不上墙的"烂泥"（尼泊尔语）。对于他们而言，看到一个来自中国的学生努力学习自己的语言，这本身便是一件值得欣慰和骄傲的事情。

就这样，我开始尝试融入尼泊尔。而这里的人民也热情好客，使我感受到了家庭般的温暖。

在加德满都市区，有许多经营英文书籍的书店。我在那里找到了海门多夫、麦克法兰、奥特纳、盖尔纳和费舍等名家的作品，然而，最打动我的，还是比斯塔的故事。这位高贵的尼泊尔人类学家将半生奉献给了人类学与自己的国家，最后在人们的非议中，消失于喜马拉雅的荒野。

他著作颇丰，才华横溢，本来可以衣食无忧，儿孙满堂，在后辈的赞誉中安度晚年。但在这样一个位于大国夹缝间的小国，那些忧国忧民的思虑，仿佛都超出了理性的上限。

"在这样的国家，怎么会不得忧郁症呢。"数年以后，翻译尼文《西游记》的塔姆先生谈起比斯塔等学者，意味深长地感慨。

在热情与忧虑之间，我考入中国社会科学院研究生院，开始了博士生阶段的学习。导师是蒙古族人，性格温润如南方春雨，对我也宽容慈爱。在我与他讨论研究的那些日子里，他总是静静地听我絮絮叨叨地说着田野里的琐事，不时给出中肯的建议。

"要将这些都记录下来。"他时常一边慢悠悠地说着，一边在满满的书架上摘下几本相关研究递给我，"先积累资料，不要着急下结论。"

在他眼里，学生都是需要保护的孩子。地震后，他立即给我发语音信息，前前后后询问一通，最后总结道："地震后或许会有危险，还是早些回来吧。"

在导师的支持下，我得以继续在尼泊尔的田野工作。感谢中央民族大学世界民族学与人类学研究中心的海外民族志基金，我获得了第一笔相关资助。此后，我拿到两次教育部国家奖学金，又给杂志写稿子，田野得以持续。中间青黄不接，买不起机票的时候，恰好逢上国内的文玩热，我为好友设计了一个纽瓦尔风格的菩提手串，很快销出五十多条，也解了经费的燃眉之急。

在外人看来，人类学的研究不仅开销不菲，而且费心费力，又不讨好。而海外民族志那说不出口的辛酸，也只有当事人心知肚明。

我丢过钱包，遗失过护照。在数据采集结束的第二天，遇到了百年一遇的八级大地震。之后的一周里，我和寄宿的家庭睡在阿尼哥公路边上。家中的兄长受惊过度，熟睡时经常梦到地震又来了，跳起来放声大叫，使人神经紧张。

然而，这还不是最糟的时候。当印度政府决意用经济手段制裁尼泊尔，全国性的油气危机开始了。人们开始用柴火烧饭，步行前往十几公里以外的上班地点。街边停满了没有油的白色出租车，一辆又一辆，连在一起，绵延数里，看不到尽头。

随着对尼泊尔人同理心的增长，尽管我并非尼泊尔境内任何一个民族，但我忽然发觉，自己也产生了地方式的民族主义情感——尼泊尔人生活在南亚次大陆的北部，喜马拉雅山的脚下，拥有历史悠久的文化，骁勇善战的士兵和美丽富饶的土地，却被南方的大国当作自家后花园一般任意惩戒，毫无尊严。

在油气危机的末尾，我回到了北京。经过三年反复的选题，修改，写作——重新选题，修改和写作，最终，我的博士论文获得了学校的优秀论文奖。

答辩的晚宴上，导师让我唱一首歌，我唱了一首《Chaubandima Patuki》——在颁布新宪法的那个夜晚，无数尼泊尔人在街头唱起这首韵律婉转的歌。女人们在大街与天桥上点满了油灯与蜡烛，像是呼应着这首歌里赤诚的爱国之心。

什么时候，贫穷落后的小国家也能有尊严，能与它们的邻国有真正"兄弟一般"的关系？

三、蜀地的现代性

毕业后，我来到四川大学。

对我而言，四川是一个很古怪的地方。我明明是一个外来客，可是我说西南官话、吃鱼腥草、用大把青椒焓炒五花肉，本地人眼里都没有一点诧异。后来，前辈们告诉我，过去张献忠屠川，杀死许多本地人，湖广一带的居民迁来，成为现今四川汉人的基础。而湘西、湘南一带的语言较易理解，很快成为外来人口之间交流的主要语言。

那么，似乎可以这样说，在我的同乡们来到蜀地的两三百年之后，源头相同的我也到了同一个地方。不同的是，他们的后代已经在成都平原的养育下，成为土生土长、慢条斯理的本地人，而我依然保留着湘南地区那种火急火燎的暴躁和撞到南墙不回头的固执，在这种陌生的熟悉中心有戚戚。

成都有一种调和之美。她的高楼大厦间有古刹，街边浓妆的摩登少女穿汉服。这里的人们喝碧潭飘雪，吃火锅串串，也追求西化的现代性。住在九眼桥的美国人类学家博伦斯坦无意间揽下一个音乐表演的活计，结果拍出一部租赁外国人的纪录片《梦想帝国》。

在这里，我也搜寻到一些来自喜马拉雅以南的线索——操场上，经常有南亚的学生打板球，市区有好几家印度人开的咖喱馆子，我甚至在路上遇到了在特里布万时一起做调研的学生——他告诉我，他是他们院里有史以来第一批来访中国的学生。另一头，当我回到尼泊尔，巴克塔普尔的裁缝家庭叫回他们的小儿子——他拿着新款的小米手机，说他上个月还在成都的郊区做佛像，那里一切都很好，只是薪水有些差强人意。

身处现代性的历程之中，我也不由得随之飘移，开始向往其诞生的源头。在英国短期访问期间，我站在大英博物馆的南亚展厅，趴在玻璃橱窗前看精美的细密画和毗湿奴雕像，兴奋得挪不动腿——我忽然想起来，英国不只有美体小铺、薯条炸鱼和川菜，她还是印度的前宗主国，喜马拉雅区域当代政治问题的历史源头。

要理解这些，便要往前回溯。回到工业革命，回到《甜与权力》，回到迷人的南亚次大陆——从世界史、政治经济学和后殖民主义理论里寻找答案，再回到人类学的热土。

2017 年的 12 月，我在印裔学者帕塔·米特的印度艺术史讲座上看到一张加尔各答画派的画作。画上的少女出生于印度河平原北部的部落民族，皮肤黝黑，发如墨玉，而画家使用了日式的水墨技法，使整幅画面既洋溢着南亚的热情，又带着东亚特有的矜持。

原来一个文明与另一个文明之间，可以以这种微妙形式相连。

我忽而对"消散的现代性"有了多一分的理解。在西方学者致力于建构民族主义理论的同时，印裔学者们却已在身份错位中参透了共同体的虚妄。当洁净与肮脏错置，最博闻强记的祭司开始使用英语中最复杂的句式，一切坚固的事物都成了可逆的，文化的边界也将弥散在空气中，等待与新的文明体系相拥。

一开始，仿佛都是繁杂的琐碎，但历久弥新，便会有所得，有所悟，竹节抽枝一般，鳞次栉比，应接不暇。这便是人类学以小见大的美妙之处。

"明年有什么计划呢?"落笔时，先生这么问我。

回到尼泊尔，回到四川，回到湖南，回到北京。

而今，当这一个故事起承转折，延续至今，我发觉去哪里都成了"回去"——一个微小的人类学人，还未踏遍青山，还未满头白发，但心怀对知识的渴求，仿佛已处处为家。

砥砺千山，方得入门

——人类学和我的故事

陈祥军

  自从踏入"人类学"的大门，观察、体验、参与和理解他者已经成为我的习惯。回顾自己十几年的学术之旅，几乎一直在各种地理和文化的田野时空中行进，一直在接触和认识他者的文化和世界，也一直在不断反省、认识及提升自己。

启蒙：成长于天山、游走于荒野

  记得有人说过，每个人类学研究者都与自身经历有着密切关系。对此，我深有同感。我生长于天山脚下，自小生活在一个多元文化环境中。从小学开始，班级结构就一直呈现多民族共处的状态。高中时认识的一位哈萨克朋友则和我成为了一生的挚友。我在新近出版的《阿尔泰山游牧者：生态环境与本土知识》序言中有写到我与他的相识过程。与这位哈萨克朋友及其家人的相处经历，恰巧是我后来从事游牧社会研究的基础。

  爱好旅游、探险和摄影可能是后来促使我从事人类学研究的另一个重要原因。1999 年，我在新疆师范大学的一场讲座上结识了著名野生动物摄影家冯刚，并有幸成为他的摄影助手。
2000 年夏，我刚大学毕业就与冯刚老师前往准噶尔盆地拍摄蒙古野驴。此行是我平生经历的第一个生死考验。关于这段经历我在另一本书《回归荒野：准噶尔盆地野马的生态人类学研究》的序言里有所提及。这次摄影经历也是真正意义上第一次让我明白了人类学中"跳脱固有藩篱，审视他者世界"的意义——原来口舌相传的"蠢驴"一点都不"蠢"，原来野驴有着井然有序的家族结构和分工明确的社群行为。

　　随后的时间，我徒步穿越天山博格达峰大本营，徒步进入塔克拉玛干沙漠深处探寻 3800 年前的小河墓地，环塔里木盆地自驾。这些经历让我真切体验到新疆多样性的地理地貌和风俗各异的民族文化，也感受到新疆厚重而又复杂的历史。尤其是2003 年春节的小河墓地探险之旅，让我第一次体验到自我的存在。我至今记得当时的感受——冬日的沙漠里，周围一片死寂，行径途中只能听见自己的呼吸声和心跳声，真切用心地感受到一个生命的存在、自我的存在。这些经历开阔了我的视野，为我后来的人类学田野调查积累了丰富的野外生存经验。

初探：走进戈壁荒漠、走进野马的世界

　　2004 年 8 月，我辞去乌鲁木齐市第六中学的教职进入新疆师范大学社会文化人类学研究所学习民族学，师从崔延虎教授，也正是他开启了我的人类学之旅。崔老师根据我的兴趣爱好及

野外经历，很快在入学后就为我确定了硕士论文研究主题：从生态人类学与恢复生态学的跨学科视角，研究濒危物种野马在人工饲养、野放荒野过程中与自然、哈萨克牧民等人类群体的关系。最终，我以"野马"为关注点，通过跨学科视角，研究三对复杂关系：人与人、人与自然、生态系统内部各生态因子之间的关系。通过对野马这一濒危物种的保护研究，让我逐渐明白了人类学研究的意义所在。

在经过前期三次短暂的踩点调查后，我于2006年6月正式进入田野。我的田野点分布在准噶尔盆地的三个区域，其中一个点（野马野放区）就是我四年前经历生死的地方。三个地方跨度达几百公里，涉及两个地区：阿勒泰地区和昌吉回族自治州。随着调查的深入，调查对象、内容及区域不断扩大，原来的设想、计划及行程也在不断调整和改变。为了解野马和哈萨克牧民的关系，我背着睡袋、帐篷跟随牧民转场，从冬牧场跨过乌伦古河到达阿魏戈壁，又沿额尔齐斯河到达阿尔泰山夏牧场。一路上，我曾经在很多善良淳朴的哈萨克牧民毡房里留宿过。多年后回想起来，当地人当时对我的无私帮助和完全接纳，成为了我继续游牧研究、人类学研究的最大动力。

三年的研究生经历，收获颇丰，我对自然环境、野生动物及哈萨克牧民社会有了更新、更深的认识。在对野马及其生存环境的调查中，我发现自己以往对自然环境的认识很浅显、很抽象，也有偏见。大自然中看似微不足道的一草一木，在整个生态系统中都有其特定生态位和作用。比如，准噶尔盆地卡拉麦里地区有一种拇指大小的生物——沙蜥。它们趴在草丛或石头上一动不动，你根本看不见，但它们不仅是蝗虫的天敌，也是许多猛禽类的食物，在维系荒漠草原生态链的平衡中起着重要作用。还有那些戈壁、荒漠中形状各异、大小不一的石头，对阻止草原退化也起着重要作用。所以在自然界中，任何一种生物经过与自然环境的长期演化适应，对于维持整个生态系统的平衡都发挥着各自的作用，只不过由于人类认识水平有限，可能还没有发现其在自然界中的作用。

通过研究野马，我发现同为哺乳动物的人，在生物属性方面与野马有很多相通之处。野马是较高等级的哺乳动物，具有严格的家族结构和分工明确的社群行为。在一个家族结构中，头马经过争斗获得首领地位，负责保护整个群体，拥有最大权力以及与雌马交配的唯一权力。家族群内的成年母马都是头马的"妻妾"，对于这样一个"一夫多妻"制社群，在配种季节，母马之间为获得交配权也会争风吃醋。这是否标志着在配种期间出现了短期的母系社会序列。最令我震撼的是，野马的"杀婴"现象，即成年雄性野马有咬死非己后代的习性。每个群里都有一匹头马，其在争斗中失败，那么新产生的头马就会把原来头马的幼子踢咬致死。这些场景似乎经常会出现在早期人类学家对人的书写中。而这种"由我及他再由他及我"的研究发现愈发让我沉迷于人类学的魅力当中。

我对田野调查一直怀有极大热情。在牧区做调查，牧民居住分散，白天我需要来回步行一二十公里走访，晚上回来还要整理访谈和写田野日记。我积极主动地去结识尽可能多的访谈对象，认真聆听和记录，只要条件允许，随时随地展开访谈。每份访谈基本都整理了三遍，所以我对每一次的访谈都记忆深刻。我的田野一直持续到 2006 年 12 月初才结束。在此期间还有一个插曲，我被导师带去参加 11 月底在中山大学举办的"文化多样性与当代世界"国际学术研讨会，并有幸在"海峡两岸研究生"论坛中发言，也是在这次会议上我第一次见到了麻国庆老师。

读研期间另一个收获是有幸参加了导师的课题及其学术活动。田野中的机缘巧合，我还承担和参与了与我研究密切相关的国内外科研项目，结识了一些来新疆做研究的国外人类学博士。所有这些经历极大地开阔了我的视野，也让我对人类学产生了越来越浓厚的兴趣。

入门：深入阿尔泰山、走进游牧者的世界

2007 年 7 月，我进入中山大学人类学系攻读人类学专业博士学位，师从麻国庆教授。中山大学人类学系自由、宽松、开放的学术氛围，深厚的人类学底蕴及人文关怀思想对我影响至深，其具有天然的地理优势，与国内外学术界交流密切，经常有南来北往的学者在此停留。我有幸跟着麻老师结识了很多知名学者，这些倾听与交流慢慢引导我走向人类学更加广阔的天地。读博期间，麻老师对我这个来自大西北研究游牧的笨小伙子特别关心。2008 年初南方雪灾的那年春节，我没有回家，老师把家里的钥匙留给了我。

博士阶段，我的研究以草原生态与牧区发展为背景，围绕

着"哈萨克游牧知识体系与草原生态之关系",主要探讨了这套"本土知识"体系在生成、发展与变化过程中与草原生态的互动关系。田野主要在阿尔泰山、准噶尔盆地及其之间的戈壁河谷地带。2008年8月中旬,我从乌鲁木齐出发前往阿勒泰富蕴县。时值北京奥运,新疆的安检很严。在乌鲁木齐客运站经过六道安检,我才坐上了前往富蕴县的班车。一路上又经过了多次检查,民警甚至会为了验明一个人的身份不得不让整车人等待几个小时。没想到,后来这种情况成为一种常态。

因为之前有在当地做田野的经历,而且还给哈萨克牧民留下了很好的印象,所以这次我很快就投入到田野工作中。我在牧区之所以能被当地人接纳,源于我发自内心的真诚、尊重当地习俗、平等与之相处,并在日常行为举止中和他们打成一片。例如,为了和当地小伙子看齐,我会毫不犹豫地吃下一大块羊尾巴油(能吃羊尾巴油被看作小伙子能力或体力的一种体现);日常饮食中更是如此,我与牧民们一样用手抓着大口吃肉,大碗喝酒,常常喝得不省人事;由于长时间很少吃到蔬菜,我的手开始蜕皮,即使吃维生素药片也无济于事。而牧民就不会,他们的饮食结构、习惯及身体适应性是在与草原生态长久的磨合中形成的。牧民在草原上的生存之道就是游牧文化。所以在田野中,我能真切地感受到文化,触摸到文化。

田野期间,我怀揣热情,乐此不疲地奔走于一个个牧民家庭,几乎走遍了富蕴县境内乌伦古河河谷200多公里的牧民定居点,其间参加了无数场婚礼、割礼、走路礼及宗教节日等活动。随着调查的深入，我不断调整和修正原来的思路，并越发惊叹于哈萨克游牧知识的丰富性。我经常被老人们丰富的牲畜放牧、草原利用、气象物候等知识所折服。牧民熟知草原上的一草一木，对自然的变化非常敏感。他们每年驱赶着畜群在阿尔泰山与准噶尔盆地之间往返上千公里，一路上不知亲历了多少事情。所以牧民们都有自己的一套放牧经验和不一样的经历，也有讲不完的故事。

在牧区做田野有很多特殊性，不能照搬农区，要结合牧区生产生活特点，随时做出调整。从上世纪 50 年代初到现在，我田野点各乡镇的行政边界经历了多次变化，又存在氏族部落时期的传统放牧区域与迁徙路线。当时的情形是传统习惯放牧范围与行政边界交错在一起，即当地各乡、村牧道、牧场及农牧民居住格局呈现交叉或叠加。于是，我以县域为单位打破乡、村行政边界，以部落历史以来的传统放牧区域为研究范围。受此启发，我又前往其他县及阿勒泰地区行署，甚至乌鲁木齐，寻访那些曾经在当地政府部门工作过的退休人员。在此过程中，人类学研究中所提倡的"突破既定思维模式"又为我指明了方向。

田野中，我身体力行地和牧民一起进行了数次"转场"。随牧民一起转场，除了真真切切感受到放牧的辛苦以外，让我对"游牧"的理解更加深刻。游牧其实并不是漫无目的的游荡，在外人看来牧民闲散自在，没有时间观念。但这是因为，他们的牧业生产具有很强的季节性，牧草生长、牲畜繁殖也有其规律性，草原上的一切人类行为活动都要服从于自然。牧民熟知这些规律，并通过观察周围一草一木的细微变化做出判断。

2009 年 7 月中旬，我结束了田野，回到中大开始整理各种调查资料，之后就进入艰苦的写作过程。我特别怀念那段写作的日子。当时，我住在中大 488 研究生宿舍楼，时常写作到凌晨。每当写作无法进行时，我会去操场跑步。时常会遇到同病相怜的难兄难弟，遂约去中大小北门小酌三五杯，发发牢骚，然后回去继续写作。

人类学里有一句名言——"田野工作经验是一个人类学从业者的成年礼"。现在回想起来，硕博期间，我在阿尔泰山区域的田野调查时间跨度长达四年。而正是这四年扎实的田野调查让我从一个"懵懂无知"的人类学入门者成长为"初窥门径"的人类学从业者。

痴迷：探索高原游牧民的世界

2010 年 7 月，博士毕业后我去了武汉，任职于中南民族大学。工作后，我和很多同仁一样，按部就班地上课、写各种申报书、带学生实习及参与其他诸多科研活动，属于自己的时间越来越少。

虽身在武汉，但我依旧坚持做新疆游牧社会研究，并逐步拓展自己的研究区域和领域。从 2011 年开始，我和崔延虎老师一起在塔城开展"运用传统知识创新牧区可持续发展和社会管理"的课题研究。为进一步拓展新的研究领域，2016 年暑假，我带着吴泽霖老先生编译的《穿越帕米尔》，历经重重困难到达帕米尔高原上的石头城——塔什库尔干塔吉克自治县。虽然这次调查时间有限，但我发现自己已经深深爱上这片土地。首先征服我的是其雄壮、高冷的地理景观，世界几大名山——喜马拉雅山、天山、昆仑山、喀喇昆仑山和兴都库什山都在这里交汇；然后深深吸引我的则是高原上游牧的塔吉克牧民他们淳朴、善良、高贵及坚毅的品质。

十几年的人类学探索之旅，人类学之于我，早已不是稳定工作晋升职称的工具，而是审视自我、探寻自我的途径。研究"他者"，走进"他者"，从而反观自我，寻求人生真谛。

游牧 Zomani 的田野者

白玛措

> 在遥远的旷野上
>
> 有一颗紫色的檀香树
>
> 它的芳香飘荡在四周
>
> 我们只能远远的闻
>
> 但永远走不到它的跟前
>
> ——裕固民歌 贺中 译

我的父亲是蒙古和藏族的后裔，母亲是地道的那曲人，都是游牧部落的后裔。父亲是蒙古黄金家族的后裔，然而，如同那紫色的檀香树，我一直都没有走到它跟前。我出生在西藏那曲比如县，童年在那曲镇，11 岁，离开父母和故土去内地西藏班上初中、高中。

因为喜欢文学，高考报了南开大学的文学专业，但收到的通知是中央民族学院的民族学专业。这是什么专业，从未听说过，我不懂，家里父母也不懂。唯有我的堂哥贺中告诉我"这个专业非常棒"。就这样，我踏上人类学的路完全如同生命的诞生，是一种抛入的状态。

现在回想起来，我踏上了一条适合自己的路，既可保持文艺女青年的思维，又可以将这种思维架构在严谨的逻辑上。最重要的是，人类学给了我观望的浪漫和激情以及描述的平静和理性。

在北京中央民族大学的四年，学了很多，又仿佛都不懂。让我记忆深刻的是张海洋老师拿着达尔文的《物种起源》英文版给我们授课。当时，物种起源的深意没懂多少，但深深被英文的美妙所吸引。

也是在那白衣飘飘的年代，庄孔韶老师从华盛顿回国任教，先生是我影视人类学的启蒙老师，除了课堂文本授课，还给我们开设了摄影实践课。当时扛着一架摄像机，虽然记不清拍摄了什么，但那种通过摄像机转述或者展现他者的成就感至今记忆犹新。临毕业时，潘守永老师送给我一本书汪宁生先生的《文化人类学调查》，这本书对毕业刚工作后的田野实践受益匪浅。

大学四年的学习，让我对人类学有了仿似清晰但又模糊的认识，在西藏社科院报到上班，带着本科四年的人类学知识，我参与了藏学家梅戈尔斯坦（Melvyn Goldstein）和体质人类学家辛西娅·M. 比尔（Cynthia M. Beall）在日喀则的田野，和课题组老师们一起绘制了近 900 份谱系表。接着，又得以参加挪威生物学家乔·福克斯（Joe Fox）在阿里有关"牧民-野生动物的互动关系及社会变化"的项目。我们驱车三天才到达拍摄野生动物的最佳地域。不过在这儿，盛夏 6 月却经历了大雪封山；晚上 11 点，西下的大太阳还会直射着你。那是一次冒险式田野，却不乏温情：阳光高照的草原，一望无际，非常干旱，近六十岁的乔伏在草地上辨识草本，却看到刚孵出壳的小鸟张嘴等着母亲喂食。我至今忘不了那个画面，这位被高原的太阳晒得通红、嘴唇干裂的教授，看到此景满含泪水，喃喃说道"生命真伟大"。他说，我们研究的终极就是关于生命的艰辛和勇气。那一刻，我很震撼，觉得自己懂得很少。

2002年，我去挪威卑尔根大学攻读文化人类学。卑尔根大学的人类学系由巴特创建，巴特最得意的弟子，我的导师冈纳·哈兰特（Gunnar Haaland）在卑尔根延续巴特门。到卑尔根大学报到，导师让我阅读的第一本书是欧文·戈夫曼的《日常生活中的自我呈现》，熟知戏剧艺术的戈夫曼将人的社会行为喻为人的一场社会表演，人在不同的互动过程中，其角色也不断地转换。这本书对我今后的田野访谈以及访谈信息的处理和把握起到了潜移默化的积极作用。

在卑尔根那段日子让我的人类学知识得到了系统性的梳理。高强度的阅读和写作，一度让我一看到导师冈纳就感到头晕目眩，好在每到圣诞节他会用昂贵的挪威熏羊肉款待我们，这总能极大地补充我的能量、降低我的目眩程度。

导师冈纳为我们设定的课程方向是生态人类学，读了不少这一领域的文献。罗伊·A. 拉帕波特的《献给祖先的猪：新几内亚人生态中的仪式》，我折服于拉帕波特将人的仪式融于一套非常细化而可持续性的资源利用系统中。这一领域的大伽安德鲁·维达（Andrew Vayda）还来卑尔根给我们上了几趟课，他对我们班的孟加拉美女耐心有加，应验了那句"教授也是人"。

　　我们的课程设置比较有趣，除了冈纳本人亲自上阵，每隔几周还会邀请人类学界各路腕儿来各种讲座，如上文的维达。巴特给我们授课较多，每堂课他从奥斯陆来卑尔根，课后再回奥斯陆。听他的课很是享受，如同他的著作和论文，没有多余的话，简练而又严谨。我至今还记得他的眼神，睿智而有神。对学生的提问也很耐心，也可能是因为我们是巴特门的孙子辈学生。从他身上我看到了原来真正的权威没有傲慢，于是更崇敬。巴特的边界与中心互动理论，除了出现在他诸多的族群理论论述中，同时也运用于他所研究的游牧社区内，如《南波斯地区的游牧人》（*Nomads of South-Persia*）。这本书中他提到了游牧经济形态中所具有的自我调整机制，我的博士论文基调受之影响。巴特在另一篇论文中借用生物学的生态位（niche）概念所提出的社会生态位（Social niche），则扩展了我后来的游牧社会研究的视野。2016 年 1 月 24 日，我收到冈纳专门发来的邮件，告诉我巴特走了。简短的几句，却满含悲伤。

　　硕士田野开题报告最初定为藏地一妻多夫制研究，感谢那年来的某个藏学大腕在指导我时，说我这一研究很难再超过南希·列维尼的《一妻多夫之功能：在西藏边境的血缘关系、家庭生活和人口》理论高度。他转而问我的生长环境，还有父母，反问我为何不做些藏区游牧社会的研究。如此然，我踏上了游牧世界的旅程，这个选择奠定了我延续至今的研究区域。

　　我的硕士论文所研究和关注的是游牧世界的地方文化在生态系统的角色。游牧群体是一些游离在"中心文明"边缘地带的人群。农耕定居社会，或是权力中央地带的人常常将这些居无定所的游牧人群描述为野蛮人（barbarian）。不过，这些"野蛮人"积累了一套分类丰富而系统化的知识体系，对草原生态环境有一套适合其可持续性生存的理解。挪威出来的我，是一个地方知识信奉者，一个环境决定论的坚守者。所以，我的硕士论文题目是《青藏高原上的人与自然：那曲游牧文化中的象征意义与实践》。

坚守地方文化和环境决定论对一个学者很不易，尤其是在理性经济学近乎掌握了重要话语权的环境中。游牧世界的地方文化，往往处于中心话语的边疆，或者边疆的边疆。那段时间比较郁闷，为了不得抑郁症，我感觉自己得换个角度去看游牧世界。

> 万物皆有裂痕
> 那是光进来的地方
> ——莱昂纳德·科恩

2005 年，我参加了西藏自治区农牧科学院和澳大利亚在那曲有关地鼠（pika）的一个项目。那几天，白天做田野，晚上写调研报告，结束调研的当天，我的调研报告也完成了。让我感动的是，这些澳大利亚的科学家，对我调研报告中的人类学文本很是感兴趣，如此然，科学家罗杰（Roger）看了我写的"非科学"范畴的地方文化，推荐我攻读博士。

2006 年我踏上大洋洲的澳大利亚，开始博士学位的攻读。大卫·肯普（David Kemp）是我的主导师，第二导师有两位：

英国剑桥大学人类学系毕业的王富文，人类学和物理学背景的吉弗里·萨缪尔（Geoffrey Samuel）。

肯普先生是位理性经济学家，研究澳大利亚牧业经济，正因为如此，地方文化和仪式研究至上的我与理性经济学背景的主导师之间的磨合，经历了一场"明争暗斗"的过程，我不得不佩服肯普教授以柔克刚、以德服人的战术，这让我慢慢将开题报告定位在人的经济行为和导致这种经济行为背后的文化选择因素上。

王富文教授的苗族研究首屈一指。西装、烟斗和有些酷的发型是他的标配，脾气算不上温和，但对学生极其认真负责，也很严厉严肃。他给我推荐的数量众多的文献，让我受益至今。王富文教授让我走出了"想象西藏"的某种激情，让我不要陷入自艾自怜中。他让我从清史的边疆去理解现代的边疆。我博士论文的题目《西藏牧民的生计与经济生活的变迁》（*Changing Livelihhood and Economy of Tibetan Herders*）是王富文教授建议的，我保留着，不想却成了对他的纪念。

吉弗里·萨缪尔教授在通读我手稿的过程中，给我写了一段评语，他说也许我们可以将游牧民族纳入詹姆斯·斯科特所提出的"山地之人"（Zomani）范围。难道不正是如此吗。萨缪尔对理性经济行为兴趣不大，一旦涉及神圣性礼仪，立马会寄来一长串参考文献。三位不同导师的不同视野让我知道了信仰的神圣性和人的经济行为之间不可割裂的关系，没有孰先孰后。

2012 年，我正式拿到博士学位，回到西藏自治区社会科学院，国家社科基金的两次资助得以让我继续行走在游牧世界中。

在这两次田野中，我尝试着转变收集资料只写论文的田野者的身份，试着去帮助田野中偶遇到的、那些普通但同样怀揣梦想的牧人……

致这些年的山水

——以诗歌的方式

才 贝

  当要写一篇自述时，我当然会想到藏文语境中的"传记"和"历史"的概念。这就会使我深深地同情那些想要做藏族正统史学研究的人，他们要从那些看起来表述结构相同、词语类似的世界广说和神圣叙事中找出客观的只言片语是多么的难得和不易。因为在我看来，藏族人的"自述"是多么的"人类学"，而我们生而"诗意"。

  我出生在安多遥远的牧村，小时候最惬意的事情，大概莫过于，坐在火塘边上，光着脚丫子，一边烤火，一边吃着香喷喷的酥油和糌粑，看着新鲜采摘的蘑菇，在牛粪火苗上滋滋作响，搅动着孩童清净的味蕾。童年的日常就是捡牛粪、打酥油、上山捡柴、赶羊群回家，故乡就在手心，没有"近乡情怯"的忧愁。

·珠姆的画像

  那些时光，总是不断重温一幅图画。一张珠姆（格萨尔王妃）托鹤寄信的画像悬挂在我家热坑的墙面上，年少的我，总是不厌其烦地端详那细致的眼眉和飘逸的裙裾，那雀蓝和姜黄典雅的着色，似乎成为我对故乡的某种"想象"，而实际上，我的故乡，春季贫瘠，冬日肃穆，唯有草原上驱动的牛羊，是牧民们唯一的生计，而青稞也并不丰产。如今想来，我想透过画像所看到的辽阔，正是我今天所追寻的对远方文化的某种迷恋。

藏族人天生有着某种图像思维，他们将地方保护神的形象细致地勾勒在煨桑颂辞的虔诚供养中，又将精灵魔怪的性情特征呼之欲出在一场酒后的"鬼"聊里，那些关于家庭和部落的神秘来源，亦浓墨重彩地附体在演说家激扬的文字中，而这些，他们要么声称"见过"，要么出现在某种圣人的幻境中，总之，如同柏香生长在这片土地的深处。所以当你理解藏族人时，无法离开唐卡、壁画、塑像这些种类繁多的"身"之所依，以及隐匿在图像、文字中的视觉历史。

而我对于藏地的理解，也包容在藏地的山水图景中。这山不是"仁者"之山，这水也不是"我住长江头，君住长江尾"的婉约。这些山是神灵的居所，是藏人建筑美学与宇宙观的集中体现，也是复杂的神灵本身。他们有着凶险的特性，张扬在当地的节庆礼仪中，穿梭于日常生活的灵力，带着生命更新的力量，在漫长的吐蕃历史的演义中，渐渐趋于温和，复成为修行的圣地。这些山显然是重要的地标，是描绘疆域的地图，也是神圣王权的原力。这些山水是藏人的血缘、身体和存在感。

这几年，我的学术足迹也追随着不同的山，有的山默默无闻，偏安村落一隅，有的山声名鹊起，穿越喜玛拉雅山的屏障。2012 年，当我在西藏日喀则一个以盛产土豆闻名的小村庄里被"阿佳啦"的青稞酒灌得微醉时，我不断地感受到人、神、魔共居的神圣地理形态，对于当地人理解历史和自身的价值是多么重要。山形塑着故乡，也联结着异域。

十年前，我在"天果洛，地果洛"的青海牧区开展博士论文调研。那年 7 月，大武镇街头的汽车还结着冰露，而朝圣阿尼玛卿神山的我们，则穿着厚厚的羽绒服。后来回想起青藏南部这座著名的神山，我的心底就会掠过一丝寒意，却也深深领略了阿尼玛卿山神的牧区特征。这绝不同于 2014 年，同样是 7 月，当我抵达四川丹巴嘉绒地区时，对墨尔多神山的匆匆一瞥，情不自禁地将其封为藏区最安逸的神山——鲜花盛开、美人簇拥。而且，有一种预感，我会再来这里。

·卡 瓦 格 博

藏区最美的神山，恐怕还要数卡瓦格博。云南的山，可谓山大沟深，2015 年这里依旧交通不便利。朝圣者时不时会和驮运物资的马队狭路相逢。我总是记得山中江河汹涌澎湃，犹如一颗颗洁白的大头菜，滚滚而下。雨崩村，云雾茫茫，若隐若现，遗憾的是，我并没有瞻仰到卡瓦格博的神容，云雾并不总是迷人，而是蒙蔽心智。当我赤脚穿梭在卡瓦格博眷侣缅茨姆山峰下的神瀑，象征福泽的寒凉之水喷薄而下，令人至今难忘。

·岗底斯

致"永不言败"之湖

你的爱犹如玛旁雍措的湖水

在每一个无法企及的背后

都有无数翻滚的浪潮

无奈退去

还有

象雄之鸟 忧伤的颂唱

总想

水乳交融

或

茶盐绝裂

这热烈的胸膛

有多少女人驻足

放马的草原

在哪里

这些痴情都如此地真切

如何供养得起

你不是安多那个浪迹天涯的赤子吗

追逐远方的梦境

多次往前返于圣人的城堡

未来与终点

又在哪里

有谁

端着吉祥的切玛

在下一个人生的峰回路转

迎接

神的胜利

你要什么

如何去做

都将是一个谜语

火焰一般的热烈鲁莽

如不投入清凉之湖

终将独自燃烧殆尽

剩下灵魂脱窍之壳

唯愿

以梦为马

对酒当歌

脱缰于轮回

[青稞（才贝）于 2014 年 8 月转湖拌手礼歌谣]

作为山水的爱好者，朝圣岗底斯神山就像是人生最重要的一
场成年礼。这座神山作为象雄文明的见证者，被记录在佛苯不同
时期的文献中。它到底有多古老？我们当然无法穿越回古代，却
依然可以在中世纪的书写文献，如《摩诃婆罗多》
（*Mahabbarata*）、《往世书》（*Puranas*），这些来自久远的口述传

承中找到它的踪迹。作为多种文明和宗教的复杂交汇点，它的多元性令其无愧担当"神山之王"的称号。

马年是岗底斯神山的转山之年，那年8月，我穿着坡跟鞋和几位户外装备专业的同行者徒步阿里岗底斯神山，路遇在"卓玛啦"山口高反几近昏厥的那曲牧人，在经文念诵中奇迹般地活过来，而我脚上一个大的出奇的水泡，没有任何疼痛地消失，同行者认为这是神山的加持，就这样，我自己也成为了神圣叙事的建构者。

我们在路途中遇到在神湖洗浴的印度人和尼泊尔人，这些来自底谷的人们，带着难以负担的财富和与强烈的高反抗争的勇气，来到高地朝圣。而他们对于岗底斯山的感情，只有2016年，当我抵达尼泊尔加德满都，在杜巴广场（Durbar）闲逛时，才有了一丝理解，湿婆（Shiva）与喜玛拉雅女神的暧昧关系细密雕刻在当地人的心景中，与藏人关于山的想象是如此不同。而对于当地地景的转换，在达芒人（Tamang）那里，成为"阶序"的另一种意味，这似乎可以缓解我们长期以来对达芒人形成的刻板印象。

·墨尔多

果不其然，2017年夏天，我孤身来到四川丹巴地区，与山结缘，无意中结识了一群热情的嘉绒藏人。

墨尔多神山，是我目前为止转过的最陡峭最凶险的神山，转山路的倾斜度基本在45度至90度之间，经历六七个小时的上坡热身后，本以为午夜三点钟连续三个多小时的夜路极度考验体力、耐力和判断力，可是徒手攀爬崖壁的黎明更让人胆战心惊，一不小心的打滑，就可能坠入万丈深渊，以为见不到太阳照常升起了，终于爬上某个山峰后，一转身，眼前的风景令人眩晕，俯视连绵起伏的山巅在望不到边的云海中一一浮出，呈现迷人的曲线，太阳渐渐升腾于云海，闪烁着金色的光芒，泪水模糊中，你感觉到你的坚持和付出是值得的……无限风光在险峰，抵达神山之巅后，同行的伙伴们不顾危险，将经幡挂在了神山面向家乡的山头，一片险远的空旷中，祈祷经文迎风招展，大家满足地坐在山头，静静地守候这片平静……临行前对朋友说，我并不是要去征服什么，只是在祈求一种包容，来自于天地之间，我想我得到了……但这并不是结束。终于下山了，开始一两个小时的下坡路让你觉得好舒适，可是接下来，几乎呈90度连续五六个小时、继而又四五个小时的下坡路，足以让你崩溃、绝望，忽而大雾弥漫，极易迷路，忽而风雨交织，似乎马上就有泥石流奔泄而来，石头上青翠的苔藓不再让你觉得是诗意而是危险，加上还要在山体中央横行找路，手脚并用，不断地打滑、摔倒，狼狈不堪的你开始怀疑初心，在不断的折磨胆怯中，阳光却又奇迹般笼罩于你，鞋子不断地湿透又干燥，最后在同伴们的帮携鼓励下，你越走越勇，变得不再烦躁而是平和，直至终点。想想也就是两天时间很认真的行走，你却真的挑战了自我，超越了平凡的身心，激活了体内蕴藏多年的能量，比起从前任何时候，你都变得更有力量，也更加悲悯。

·致墨尔多

你

黑衣黑马

曾如一道闪电

穿梭在冷兵器的战场

如今

卸甲归隐

多少人寻觅你墨染的英姿

在吉祥的祷告中

你似乎以白色的素颜示人

或许这只是变脸的杂耍

那个傲慢的传奇隐匿在哪里

那个嗜血的凶灵去了哪里

不知疲倦

始终跨着黑马的骑士

在泥塑中凝固

那个误射金轮的猎人

永远被你踩在脚底下

嘉绒谷地

飞碉高耸

那弥漫于山顶的流雾是你吗
那畅游于海子的飞鱼是你吗
幻影之术
纷扰尘世

我
来自安多遥远的牧场
一股股涉过冰冷的山泉
一节节摸索山脉的脊背
一寸寸踩过悬崖的苔藓
去看你

那迟疑之间的惊恐是你吗
那生死之交的觉悟是你吗

夜色
喘息着高海拔的氧气
神秘的祖母
三片裙裾飞扬
那些自生的力量
在黑暗中涌起
有人在塔尖看到佛陀
有人则看到恶魔

你最疼爱的妹妹
望穿秋水
而另一位调皮的
偷走了宝库的钥匙

多少战火因你而起
多少硝烟因你而灭

那些族群迁徙的历史
铭刻在　　你
战神的光芒之书

我多想
撩开这沉重的帷幕去看你

我仅看到你的盛夏
如此安逸

美人簇拥
山花竞放
清新的海水流向巴底的山谷
敦厚的云朵抚平山峰的利刃
风起云涌
你放飞的灵魂

跳跃在千年锅庄的舞步中

而我伸手

捕捉到你内敛的气息

放手

则是空谷幽兰

这

真的是你吗

［青稞（才贝）于 2017 年 8 月转嘉绒墨尔多神山记］

　　山与物候、气象、地域如此紧密地结合，而在不同的历史与教派的叙述中又趋于个性，并在历史的图景中，时而交汇。其实我蛮感谢人类学的，因为文献很容易抹杀历史的天真，而民族志式的贴近，才能进入藏人“诗意栖居”的田野中。

波　形＿

酒醉之后悟清明

——我的学术经历自述

张 原

这些年来，我好像给大家留下了一个"醉鬼"的形象，不管是老朋友还是新朋友，太多的学者都看到过我喝嗨了的样子。这其实跟我的田野经历相关，我的第一个田野是在黔东南的苗族地区进行的，那是一个号称"醉美"的地方，所以你只有跟人家喝到位了，人家才会和你聊到位，所以喝嗨了是我与他者建立起真诚关系的一种表现。大家也知道我和汤芸总是夫妻俩一起下田野的，为了大家能真诚交流，我每次田野都负责喝，我老婆则帮我问问题，因为等人家酒喝到位了把话题打开的时候，我其实已经躺在一边。因此，我喝醉了不是我贪杯，那是因为我想表现一种人类学式的真诚。

我硕士时在苗族地区开展的田野研究关注的是他们的亲属关系和对空间的认知，以及在现代化过程中的消费观念与实践的一些变迁。这样的研究让我对一些相对比较"原始"的社会的组织结构和观念变化有了初步的认识。后来读博士时，我就进到王铭铭老师的门下，王老师在那个时候开始关注"文明"的人类学研究，这样我就也转向了汉人社会的研究，我的田野是在贵州滇黔通道上的屯堡村寨进行的，主要做的是宗教仪式这方面的研究，涉及的不仅有空间的认知，还有历史的感知。在做这个汉人村寨研究的时候，我还碰到了一批民国时期的地方档案，内容主要是贵州安顺的鸦片贸易和商会组织等，所以博士毕业之后我就又做了一个城市之中的商会研究，但这个研究由于各种原因做得很缓慢，直到今天都没有完成。尽管读书期间我的田野研究都是在贵州进行的，但我感慨的是居然就在这样一个地方我遭遇了几种不同的社会类型，苗族村落是比较"原始"的以亲属血缘关系为组织核心的社会，屯堡村寨是比较"传统"的以信仰地缘关系为组织核心的社会，安顺商会是较为"现代"的以城市业缘关系为主的社会组织。这样的田野研究经历确实让我感受到了在一个具体区域中看到整个世界的人类学可能，至少通过这样的研究经验比较，我开始尝试去体会整体地把握中国社会及其现代性转型的状态为何。这是我读书阶段在号称"醉美"的贵州喝了不同的酒之后，对人类学的中国研究的一种真诚的体会，当然这种体会也可能只是"醉鬼"的一种感受。

2008 年博士毕业之后，我从中央民族大学回到了西南民族大学。那一年 5 月刚发生了汶川大地震，所以回到四川成都后，我就误打误撞地变成一个研究灾难的人类学者。当然，做灾难研究确实是挺有意思的，我这方面的田野研究主要是在藏彝走廊开展的，这个地区的生态、族群、社会与文化的多样性也确实让我对灾难有了一些比较深入的认识。人类学对灾难的关注，其实是对灾难的社会人文面向的关注，所谓的"天灾人祸"其实是没有天灾的，都是人祸。因此中国人类学的灾难研究应该看到在现代性变迁的过程中民族地区所遭遇的一些问题。当时为讨论人类学家该如何研究灾难的问题，我写了一篇"面向生活世界的灾难研究"的论文，我也就再次误打误撞地被算作了人类学做灾难的学者自发转向"本体论"的一员。毋庸置疑，人们对灾难的感知绝对是本体论，理解一个地方的灾难当然也需要一种栖居视角。灾难研究是一个在学理上和现实中都迫切需要去开拓的研究领域，而明年（2018 年）是汶川地震十周年，我们可能会搞一个大型的工作坊，来总结和推进一下这方面的研究。

在藏彝走廊这个地区，除了关注灾难之外，我其实更关心的是些山山水水、神神鬼鬼的事情。这些年来我也坚持在藏彝走廊腹心地带的嘉绒地区开展一些和宗教人类学、历史人类学相关的研究。具体而言，就是关注当地的神山信仰和房名制度的研究。我感觉到当地的神山和家屋都可能是一些政治关系的表达和政治制度的安排，这里面混杂着神圣王权和封建制度这两种政治形态，其最典型的表现就是那些土司了。我和我的师兄张亚辉围绕着王权研究办了一系列的读书会，并带着一批学生开展了一系列的田野研究。慢慢地，我们的研究视野拓展开来，问题意识和研究框架也更加清楚了，田野地点也从藏彝走廊往西向康区拓展开来。我们的一些不太成熟的认识是，在这个地区要关注到三种类型的人：一种是王宫里的土司，一种是寺院里的僧人，一种是山林里的强人。这三种人其实代表了三种社会类型，他们的结构关系和互动交往共同形塑了康区的社会历史面貌，也构成了一种"边疆图景"，最为重要的是他们在现代化过程中自身的转型和命运归属本身就体现了所谓边疆现代性的进程特质。因此，需要通过对这些人物类型的把握来认识所谓的中国边疆，再通过这种边疆的现代化过程来考察和理解中国社会的现代性转型。

总结这些年来自己跌跌撞撞的研究经历，我最大的一个感受是我们人类学的经验研究需要更清晰的问题意识，我们的理论探索也需要更精准的视野关照。这里对经典理论的深化把握和对研究视野的拓展建立是关键问题，如此我们人类学才能更具时代感地去提出和研究一些具有现实感的问题。就像韦伯所说的那样，学者在其身处的这个混乱的时代和世界中要保持一种"清明"。而我这些年在"醉美之乡"的西南地区喝酒醉了无数次后，好像终于知道了这种清明的可贵，否则这醉醒之间是没有区别的。

人类学，作为一种生活方式

刘　谦

　　对我而言，人类学与其说是一种学术追求，不如说渐渐成为了一种生活方式。记得在师从庄孔韶教授攻读博士期间，人类学是一部部经典民族志的阅读、发散式的课堂讨论以及艰难的博士论文撰写、答辩；入职中国人民大学人类学研究所执教以来，为承担传道授业的职责，人类学成为反复研读和拓展阅读人类学作品的日常；为回应科研考核，人类学还意味着各种标榜学科视角的科研项目的申请、执行以及论文发表；如今人到中年，在不知不觉中，人类学已摇身转变成一种更具渗透性的生活方式，铺散在生活的各个角落：阅读、写作、授课、田野、生活，反而不再成为一个个边界明晰的版块。人生原本就像一篇散文，相信每个人的学术作品，只是这篇散文的片段音符。它源于每位作者的生命史和对世界不断深入的感知与认识。

　　从学术产出上，我的情况可以分为三个阶段：2008年博士毕业到2012年，主要重心在医学人类学、艾滋病防治领域；2011年至今，开始呈现在教育人类学和海外民族志研究领域的研究心得；2016年开始涉足互联网与人类生活、老龄化等领域的话题。同时，在这三个各有侧重的研究阶段，始终贯穿着对田野工作从方法论层面的反思。这样的研究领域陈述看起来很庞杂、分散，而且缺乏少数民族地区、农村社区的田野，这使得这份经历在传统人类学研究范式的比照下，看起来并不主流。但它正是属于我个人生命轨迹的一份人类学报告：随缘而遇的田野、随心而生的感悟、随术而述的交流。

每个人的一生，是各种机缘连缀而成的相遇，或深或浅，或持久或短暂，或顺畅或迷惘。人类学学人的田野不仅是学术求索的路径，也是各自人生经历中的顺理成章。我的第一份田野经历是在四川某市特殊的性产业"板板茶"展开的（"板板"，意味着在门板上从事性交易的简陋条件，"茶"意味着茶馆的形式）。至今依然记得那里生意最好的"头牌"小李：苗条的身材、清瘦的面容和她瘦小的三岁儿子以及每天在场所里以给客人冲茶为名实则看护着她的丈夫"拐子"……这份看似体现人类学以研究边缘群体为特色的田野，在相当程度上嫁接了我曾经身为艾滋病防治国际合作项目官员的独特职业经历以及身为女性对买春、卖春生物学和文化意义机制上的好奇。后来在北京随迁子女中开展教育人类学研究，在相当程度上，是自己力图兼顾工作与母职有意而为的田野选择——至少不需要长时间出差便可以在北京开展田野。在偌大的北京城众多的进城务工人群中，我来到利民学校，结识了那里来北京求发展的老师、家长和孩子们，见证着孩子们从童年迈入青少年……一直牵动我心的是人们对命运既服从又抗争的生存状态以及社会结构压力与个体能动性在教育场景中的展现。同时，在这份研究的映衬下，陪伴儿子成长过程中文化资本所散发的无形力量，从未如此赫然。在此期间，我有机会去宾夕法尼亚大学访学，对贫困社区安卓学校的田野观察，也正是这份学术关怀在异邦的延伸。凯文老师班里的美国儿童在随后出版的《教育的社会文化土壤》中定格在了三年级的模样。而近期对老年人使用微信的关注，又是一份职业经历的体现。它被纳入中国人民大学社会学系对北京海淀世纪城社区研究的一个组成部分，而更为深层的动力是陪伴在年逾七旬的父母身边，却发现身为女儿，处在盛年的自己，其实并不能更深切地去体会老年阶段的人生。就像在生育之前，对父母之恩曾经只有理性的认识却缺乏更切身的感受。我想进一步走进老年人的世界，理解他们、理解父母、理解大多数人——包括未来的自己——终将无法避免的年迈。人类学一直对"他者"保持着盎然的兴致，对于我而言，"他者"卷裹在每一份随缘而遇的田野和对生命力量源泉的不断探求中。

至今，我绝大多数学术产出是紧紧依托在田野实证经验基础上的梳理与解读，其实是以学术话语体系表述着那些随心而生的感悟：在性自由神话的庇护下，商业性行为似乎可以得到合理的解释，但纵观人类社会，人们对作为交易的性活动始终存在着禁忌。在结构主义的透视下，可以看到商业性行为兼具家庭神圣感的夫妻亲密行为形式和社会契约理性管理的原则，二者的对峙与张力也许是使之成为禁忌的一个解释。在教育领域，并不具备文化资本、社会资本优势的随迁子女，依然迸发着"砸锅卖铁也要送孩子上大学"的教育愿望，然而"上大学"三个字对于知识精英、教育科层体制运行和随迁子女家庭，却呈现着无法交汇的理解和话语渠道。这便是社会生活总是呈现出各说各话、复杂万象的一个缩影吧；在老年微信使用研究中，看似具有标准化的互联网技术，镶嵌在不同的人生轨迹中而展现出丰富的形态，最终仍然服务于每个鲜活的个体对自身价值、生命意义的判定……

这些看似散点式的研究，谈不上宏大理论的建构，却是一份份认真的思考。我曾经怀揣所谓"理论抱负"，希望以人类学研究为职业的自己，可以在推进前人理论解说中提出一点精妙的解释。现在，在人类学伴随下的成长，使我更认识到能否形成饱含力量而具有隽永价值的理论体系，是时代洪流、个人命运、生命机缘、学术积累交互作用的结晶。格尔茨曾在印尼和摩洛哥两个迥异的国度长期做田野，亲历一个国家的政治动荡，亲眼看到"一位共产党领导人的头颅，被挂在其总部的出入口"这等血淋淋的真实，并在努力诠释历史片断中迷失，不得不承认"如果从细微直接到宏大抽象，从研究对象到研究对象周围的环境，从研究者到研究者周围的小世界，直至两者所处的更为宽广的世界，一切都在改变，那么，似乎没有任何一处能作为基点"。这样的困惑恐怕是最终娩出解释人类学的人生土壤，而上世纪六七十年代兴起的后现代思潮也为这一学派影响力的扩散提供了时代动力。

涂尔干在《职业伦理与公民道德》中非常精彩地指出，职业的规范与约束，是人们认识社会规则、体会个体与社会的关联，乃至形成国家观、民主观的重要通道。人类学学人职业本身就是身体力行直接为社会、知识体系提供对世界多元存在的凝视与呈现。与此同时，它不可避免地濡染到每位学人的心性。

提出精美的理论框架，当然是可敬的职业标准；丰富学人自身对人生、对社会的认知也是职业伦理的一部分；当然，如果因人类学之缘，能够对其他生命的福祉有所帮助，或多或少，都应被视为人类学研究的终极意义所指。

追寻挟艺穿行的无名者

陈乃华

我是陈乃华，来自台湾台北，在位于青藏高原西宁的青海民族大学任教已经有七年的时间。2001 年自政治大学民族学系毕业后，即赴北京中央民族大学藏学院学习，并开启了藏地田野的接触与联系，以安多热贡作为我的田野母地，拜师学艺，勾勒造像度量经里的方寸宇宙。在沉淀于方法论学习与视角转换后，我进入北京大学人类学所继续学习。这个阶段，在导师王铭铭教授的引领下，以"'无名的造神者'：西藏唐卡艺术的人类学视角"展开研究，试图通过青海热贡吾屯寺院与村落画坊的田野考察，从作为"圣物"的唐卡与"造神者"唐卡画师之间特殊的"人物"关系，艺人生命史与社会生活书写，呈现画师"无我"的作者观念、艺术实践与社会生活，并通过对师徒传授绘画训练模式与画师社会地位角色的分析，得知使图像产生意义的社会结构依然在历史和当下存在。

唐卡如同一座"可移动的寺院"，在以交换构成的神圣路线上流动。通过画师绘制的唐卡，使佛教义理得以深化于帐篷与村落、寺院与家户、僧伽与世俗之间；艺人团体长时段的行走路径、创作遗迹与各区域文化间的内外交往经历，呈现"艺术的关系结构"。可以说，西藏是以宗教与政治整合的文明，在圣物交换中建构了与外部的关系交往，这也使艺术产生独特的表现：存在于社会之内，又外在于自身，神圣图像所装载的宇宙，表现"内在而超越"的状态。

这是一群"无名者"（The anonymous），无名的创作者以不变的重复（repetition）形成一种"不创作的创作"，以高湛的技艺与节制的内在供养神圣力量。这群"作为宗教载体的无名艺人"，与当下强调"自我创作"的艺术家形成鲜明的对比，将"创作"这个概念作为神圣的载体，以谦逊的态度遵循着经典，自认是微不足道的艺人，绝不以有个性的艺术创作者自居，匿名完成创作。在此，唐卡提供了"重复就是创造"的思考。唐卡是艺术，但来自虔诚的重复仿古的过程。艺术作为宗教修行，更类似于"教徒式"的实践。如此，以"重复"作为"创造"，以相对于"创新性"的执念。这种非"标新立异式"的创作实践，可对艺术理论进行对话思考。

另外一条研究线索，是在继承西藏唐卡画研究的基础上，对细密画（miniature）展开艺术实践的比较研究。

在土耳其文学家奥罕·帕慕克的文学著作《我的名字叫红》（*Benim Adim Kirmizi*）中，描写了16世纪的鄂图曼帝国在苏丹三世任内，数万个伊斯兰的精密画师在进行技艺之书、庆典之书的绘制故事。细密画源于中世纪波斯经典文本的插图，与西藏唐卡的艺术实践类同：在图像上多利用平涂/多点透视的技法，展现其作为宗教的神圣性，即以心灵之眼"悟眼"去觉悟所画对象的"本真"状态，被画物没有远近大小之分，也没有明暗阴影。细密画的宗旨是描绘创世的蓝本，注重被画物的普遍性与共性，因而呈现出浓厚的程式化特征。在色彩运用上，细密画描绘真主眼中色彩斑斓的世界，并借由俯瞰视角，一如神的视角。

此外，在艺术实践上，两种绘画形态都在社会中形成了特殊的艺人群体，保有特殊的艺人世系：艺术与匠人作坊生产，都依赖于特定的社会文化与地域场所：寺院保存图像志的知识，画师与家庭、寺院关系紧密。画坊建立在师父与学徒的等级关系上，由于成员多来自家族亲属血缘，故画师的姓氏多相同。这与中国中世纪敦煌艺术行会的"画人"相类似，来自于松散的画行组织成员，可能被临时雇用，类似民间行会。从敦煌文书的记载得知，铸造金铜佛像的艺人多从外地而来，尤其以炼金与锻造见长的尼泊尔工匠，其艺术实践，在蒙元时期曾大量影响中原汉地的工艺技术与造像风格，并在中原与藏地留下了独特的艺人世系。

印藏艺术史研究，隐含着长时段各宗教文明间的交换关系。画师的培养、生命史、社会生活与教派、风格、传承等要素之间的对应关系，可以形成对于印藏艺术的风格与流派一条不同的分析解释路径。这些掌握具有"独占性"技术，或使用珍贵特殊材料的匠人，实践的是技艺，同时也是覆载在物之上的观念与文明。通过艺人团体生存状态、艺术的流动与艺人的交往书写，展现其中不同文化观念汇集成的文明形态，也透露了将西藏视作一种介于中原华夏与南亚印度文明圈交界处"区域顶点"的可能性：这种区域顶点，是以超越民族国家边界的"文明"为特征，处在文明交汇点上的艺术与人群，产生出蓬勃有力的丰富样貌。

　　图像将历史叙事与记忆隐含其中，即"图像证史"。艺术图像流传标志着文明的流动，呈现了中古时期的东西文化向外发展历程。通过大食（伊朗）、拜占庭（土耳其）、巴勒布（尼泊尔）、中原文明与吐蕃（西藏）交往，贯穿其中的译僧、吟游诗人、工匠与商旅团体移动，以信仰、贸易和更多丰富的形式，将不同的文明连结在一起。

　　可以说，中世纪艺术实践中隐含着一个更广阔文明圈的视野，那就是从波斯文明到上古西藏间欧亚大陆的连结交往。作为"心史"的艺术，如何在文明交流史中有所贡献？通过细密画与唐卡画的考察，理解图像世界中从中亚—波斯—印度—西藏这一线索，其中的文化传播历程，也对于自古以来跨越民族与宗教的恢弘文明体系进行理解，是我希望下一步可以深化的研究主轴。

比理论更重要的，是生活的脉络感

覃延佳

2009 年 9 月，承蒙中山大学陈春声、刘志伟两位老师不弃，我得以拜入门下攻读博士学位，念我倾慕已久的"历史人类学"专业。尽管 2008 年 7 月我参加了中山大学历史人类学研究中心组织的历史人类学高级研修班，但是那个时候听课、跑田野都是云里雾里，顶多知道老师们为了某个观点是可以当众"吵"到面红耳赤的，至于其他基本的文献及田野功夫，都是雾里看花，因此决定考中大，更多的是一种学术情怀的感召。

顺利入学之后，受益于此前的一些阅读，我迷恋于帝国、土司、边界等标签，很想延续硕士论文的讨论，做桂西南的土司研究，孰料我师兄杜树海原来打算开辟桂东北的，后来突然又放弃了，杀了个回马枪回到桂西南。出于学术的差异性考虑，我感觉不宜和他在一处，于是决定换一个题目。当时考虑最多的就是两个，一是题目有点意思的，自己感兴趣的；二是三年内有可能完成的（当时家业困顿，为了读博，几乎与父亲决裂了，只想能按时毕业）。于是在自己有限的阅读经历里追寻自己想做的事情，最终，我把壮族师公视为一个可能完成的研究对象。

在此之前，我身为一个师公的儿子，多少都接触过他们做的仪式。但当我兴致勃勃地告诉老师们广西的师公是什么样子时，用的却是先行研究学者的描述，将他们说成"师公教"。科大卫老师和刘志伟老师都同时问一个问题：你所说的师公到底是"师公教"还是"师公"？我当时的回答自然模棱两可，尚未明白两者根本的区别。后来，科老师希望我把苏海涵（Saso）所写的台湾道教研究论著、司马虚所写的道教上清派未刊手稿及韩明士的《道与庶道》好好消化，以明了师公研究的问题指向。以此为开端，我在老师们的指引下把道教研究、民间宗教研究、人类学宗教研究等一些书拿来读，懵懵懂懂有了些感觉。

在阅读了苏海涵、施舟人、劳格文、丁荷生等诸位老师的书之后，我当时心中萌生了一个可笑的想法，那就是老师们都在谈礼仪，但是包括前述学者及司马虚、科大卫老师、刘志伟老师、刘永华老师等诸位前辈讨论道教、儒教的礼仪都是具有很强的国家正统性，而我讨论的师公，其仪式传统是需要自我构建的，"原生性"更强，并没有一个显性的国家传统对应，于是给自己下个套，认为只要搞懂他们的仪式和文本，基本上可以有所创见了。

所以我抱着对道教研究、中国宗教研究和华南研究进行回应的"伟大志向"，开展了师公的田野考察与文本搜集、分析。我的论文试图要说明两个问题：第一，对于我既熟悉又陌生的师公，其仪式传统是如何生成的？他们的神灵谱系、文本和传承机制与道教等宗教的关联如何？第二，师公作为地方社会的一员，其在日常生活中如何彰显了地方文化之特质？

为了回答这些问题，我需要回到老师们梳理过的"正统化"

与"标准化"问题、回到道教仪式研究、回到人类学所展现的"阶层反映论"、"神、鬼、祖先"等人类学讨论中国宗教问题的一些前期探索，去寻找对话的空间及进一步拓展的可能。

得益于文化"持有者"的身份，我自认为自己最拿手的自然是对广西壮族师公文本的解读能力。大量的师公唱本都是用汉字偏旁部首"造"出来的，与宋代就广泛存在的江南俗字及越南的汉喃字构造原理相近。但是对文本的解读能力，其实削弱了我将村庄及仪式人员做整体性考察的意识。因此，在论文最终的呈现中，我看到了师公仪式文本的多元性背后所折射的仪式传统与地方文化，但也相对忽略了作为背景的地方历史之内在脉络。

迄今为止，我应该是师公研究中对文本讨论较为充分的研究者之一，但是对作为特定时空中存在的师公仪式传统的定位与剖析，实际上还有很长的路要走。尤其是师公与道士的仪式、文本关联及其共生机制，迄今仍未说清。其中最大的难度来自文本本身，那就是仪式文书的断代很难开展。我们基本上弄不清很多文本到底起源于何时。仪式文本的去时间性，给我们的对比分析增加了难度，只能在有限的历史材料中进行推断。

神灵谱系、文本类型、传承机制和宗教实践构成了我观察师公的几个重要切入口，也是让师公从"壮学"研究范式走出来，与中国其他地区的人类学、社会文化史等进行对话的重要着力点。如何探寻仪式传统中的"中国"，需要更多努力。

2012年6月毕业后，我于当年9月来到云大工作。当时两眼一抹黑，不知道能否把广西师公的研究路径带到云南来。不过这边的团队主要面向西南边疆和东南亚，我显然也不能例外。摸爬滚打几年下来，我多次在中越边境地区游走，也涉足越南胡志明市两次，希望开拓一点学术进路。

而今五年多下来，既不是人类学出身，又不是民族史专业博士的我，感觉在民族学、人类学和民族史为主的学院里一直在学科的边缘游走，具体研究尚未有任何太实质性的进展。2017 年 10 月，业师刘老师来我们院讲学，我又无意中说出了自己对这种边缘状态的焦虑。他的一句话似乎点醒了我：你的最大本领就是你们家的师公这一套东西。

也许老师只是随口跟我开玩笑，以宽慰于我，但是事后想想，自己起心动念发问的很多问题，实际上跟自己生活经历有太多关联。无论是人情世故还是仪式实践，我总会回到自己的生活世界中反思看到的各种现象。

关于民间宗教正统性、宗教市场、仪式文本、文本解读中的地方性知识等问题，基本上都萦绕着从小到大看到的仪式的影子和生活的场景。当然，我也知道这样的影响不见得就是好事，毕竟很多自己所见，也许只是一厢情愿的某种建构。但是日常生活的那种脉络感，却时常致使自己去重塑已有的知识体系。

而今，我的研究着力点逐渐转向中越边境地区和越南，文化与社会的异质性更强，产生的冲击更多，但是无论是宗教还是日常生活中的那种节奏与脉络感，却时常在不同的时空中闪现。当我看到边地居民为生计奔波、下班后的越南人在胡志明市的寺庙参加念经活动、忙碌一天后认真跟我讨论风水的杨叔叔之时，我能感觉到生活的意义实践、宗教的功能释放与风水知识的超时空意味。

在这些不同时空的人与物中穿梭，历史人类学、宗教人类学、边疆学等我原来深以为然的学术标签逐渐在脑海中淡化，取而代之的是对具体问题的多维理解。以至于自然而然不再纠结于人们有没有能力讲出三四代人的故事，而是关注他们到底如何表达对祖先、对地方乃至对国家的认知。尽管这些都是老师们常谈及的方法，但是我真正的自然实践，却是多年之后。

五年下来，尽管自己仍在一个混沌状态中摸索，但是生活的律动与知识体系之间的有机联系，似乎正在产生更多的共鸣与交叉，或许这就是张文义老师常说的人类学内外视角的交织与人的整体性。

身处人类学的小圈子中，我常能感受到人类学者们的自信与焦虑。一类人选择泛化标签，塑造很多的人类学分支学科来呈现学科的多样性，以图彰显学科的广泛包容性与适用性；另一类人坚持着一种取向去探索丰富多彩的人类学社会，终其一生或许只做一个对象或者地点的研究，但每一项创获，都颇令人惊艳。

尽管自己还在探知路上循迹而行，但是我想，终日以学科分支理论为发问根基，并不是我中意的一种做法。我更愿意从自己的日常感知与田野行走中追寻社会现象自身的那种脉络感，正如中国人谈到越南，首先想到的是宗藩关系、中越间的紧张关系及排华等问题，但是当我在胡志明市郊区成功蹭饭时，分明能感受到人性中善的共通性。我始终相信，无论是面对历史中的他者，还是空间中的他者，只有找到那种同情之理解的置换感，我们运用学术概念标签外化出来的叙述才是最有解释力的叙事。

今天给民族学本科大三学生上本学期《中国西南民族研究》的最后一次课。我有感而发跟他们说，人类学的田野如果想做得更好，首先要避免两种倾向，一种就是把田野情怀化，认为做了一个田野就比别人看问题更加深入了；另一种是不读书去做田野。行万里路之前，最需要做的就是高质量的阅读，练就触类旁通的能力。

现在想想，与其是给他们说，不如说是自己的自勉。归结下来，无论是对我相对熟悉的师公文化的探索，还是对中越边区苗族社会、越南南部京族社会的找寻，那种生活的脉络感都是需要不断地追寻与体悟的。至于什么样的学术标签和理论需要走进自己的写作文本，则要看问题本身的指向性及其内外对比的效度了。

从妙峰山到恰帕斯：我在边缘看中心

张青仁

　　从博士阶段到现在，我的研究主要包括以下几个方面。一是研究生时期对华北地区民间信仰与组织，尤其是对妙峰山庙会和北京香会的研究；二是 2013 年工作之后在墨西哥恰帕斯州印第安自治村社的田野研究。基于对华北民间信仰和天主教的墨西哥社会的调查，我也试图做一些比较宗教的研究。此外，我还利用参与课题的机会，做了一些非物质文化遗产保护、少数民族民间文化和墨西哥华人与中国企业的研究。研究领域的转换固然是因为工作的需要，但在我看来，这些表面上看起来相去甚远的研究，却有着千丝万缕的联系。

　　我的研究生阶段是在北京师范大学民俗学专业学习的。在北京师范大学求学期间，我明显地感觉到，21 世纪之后的民俗学出现了比较大的转向。一方面，从刘铁梁教授提出的"标志性文化统领式"的民俗志，再到自宾夕法尼亚大学归国而来的彭牧副教授关于"身体民俗"的引介，以及此后"感受生活的民俗学"、"民间文学志"等诸多理念的提出，当代民俗学研究已经充分意识到田野作业的主观性，主客二方充分协商后确立的"标志性文化"这一在民俗志书写范式体现出民俗学者对于主体间性认同，"感受"基础上对于他者情感的认同则显示着民俗学的人文取向。另一方面，民俗学研究也出现了从民俗到语境中的民俗转换，越来越多的研究改变了近百年来民俗学研究的事象范式，开始在整体社会的事实中理解和呈现民俗，借此理解中国社会的多层面向。民俗学的这一转向显然是受到了20世纪后半叶人类学理论反思的影响，当然，这也与人类学和民俗学之间的亲缘性关系密不可分。事实上，在美国和拉丁美洲的诸多国家，民俗研究和人类学研究在研究方法上并无太大差异。

正是在这一学术思潮的影响下，我开始了对于妙峰山和北京香会的研究。与此前的几位方家对于妙峰山和北京香会的研究聚焦于仪式现场的神圣空间不同，我将关注的重点回归到社会场域，在日常生活的层面上审视香会组织的运作，看这些分散在各处的香会的把儿、练儿们是如何聚在一起，又是如何前往妙峰山在内的多个信仰中心进香，进香之后又有着怎样的生活。此外，我将对仪式空间的关注从单一的妙峰山拓展到包括丫髻山、药王庙、平谷峨眉山、中顶和南磨房关帝庙等多个圣地，在北京庙宇空间的格局中审视香会与多个信仰中心以及多个信仰中心内部的复杂关系，力求从社会空间和信仰空间的两个层面呈现北京香会的复杂生态。

语境不仅是横向层次的维度，更是有着深层历史的考量。对于缺少历史学训练、长于田野的我而言，如何发掘史料并富有创见地呈现、建构史料，成为我在研究中必须处理的问题。2012年，在完成博士论文初稿后，利用研究生出国访学的机会，我前往莱顿大学，得到了汉学家田海（Barend Ter Haar）的悉心指导。田海教授师从韩书瑞（Susan Naquin），一直致力于用社会史的方法研究中国民间宗教和理解中国社会。莱顿大学汉学院图书馆为我的研究提供了大量的文献资料，田海教授对史料多元的阐释视角也给了我极大的启发。这段时间的访学经历不仅让我修改补充了论文第一章对于北京香会的历史研究，后续的田野研究也呈现出社会史的关怀，即在社会历史变迁语境中理解、呈现当代北京香会和庙会生态格局变迁的动因。

与一百多年前旗人成为香会组织的主体不同，当代北京的香会绝大部分都是由社会的底层民众维系的。资本等力量的介入重构了作为自组织的香会与庙会的生态。多重权力网络的交织使得北京香会和庙会组织在延续信仰传统的同时，又呈现出商业化、政治化等交互共生的多样性，构成了中国民间宗教的当代形态。从中观层次上来说，我固然是想通过对于北京香会和庙会的研究对中国民间宗教/信仰概念、特征及其形貌进行反思，另一方面，我更希望通过对于香会这一边缘性组织的研究，再现民众的生存智慧与生存状态，以此呈现当代中国社会的面貌。

2013 年，我入职中央民族大学世界民族学人类学研究中心。在中心发展规划下，我开始了对于拉美社会的研究。入职之初，我对拉美并不熟悉。转型的巨大压力使我产生了恐惧心理。幸运的是，在中心举办的海外民族志工作坊上，我认识了诸多海外民族志研究的践行者们，他们传奇而又富有启发性的报告让我感触良多。我意识到，去海外做田野、接受更为规范的田野作业的训练不仅是对我学术视野的拓展，对于我个人也是一个难得的锻炼的机会。几经周折，在中国社会科学院拉丁美洲研究所魏然博士的介绍下，我以墨西哥恰帕斯州为田野点，开始了对于墨西哥印第安社会的研究。

转型的代价是巨大的，首先便是语言关。2013 年入职以后，我开始了学习西班牙语的过程，秋季的整个学期，每周三次前往北京语言大学学习西班牙语。此后的第二个学期，我又自学了西班牙语第二册，掌握了西班牙语的基本语法和词汇。此外，我还梳理、阅读了大量关于拉丁美洲历史和墨西哥印第安族群的多语种文献，为研究的开展做了一些准备。

更为艰巨的挑战出现在我的第一天田野。2014 年的 2 月 9 日，在到达恰帕斯州圣克里斯托瓦德拉斯卡萨斯的第一天的半夜时分，在从街道到宾馆的路上，我遭到了一名歹徒的持枪抢劫。万幸的是，除了抢走了 5000 比索外，我并没有受到其他伤害。然而，这次经历却让我久久不能平息，我的日记里至今还记录着当时惊魂未定的心境：

想起刚刚对着我那黑洞洞的枪口，如果他真的一时兴起，突然开枪，我没有任何退路，死亡是唯一的结果。我还那么年轻，我才刚刚踏上工作岗位，漫长的学术生涯才刚刚开始，父母、爱人需要我去照顾，如果我就这么走了，真的很不甘心啊。而且在这荒郊野外，如果我真的被他枪杀了，想必也没有人能够识别出我的身份，联系上我的家人。更让我绝望的是，我不清楚这样的状况究竟是偶发，还是常态。如果是常态，那么下一次，我还会有这样好的运气吗？一想到这里，一股无法抑制的恐惧、悲凉瞬间涌上心头，此刻的我，发疯地想回到国内，回到北京。

慌乱之中，我向领导包智明教授写邮件说明情况，包老师提醒我注意安全，继续观察后再做评估。第二天，合作老师玛利亚教授也宽慰我，她鼓励我应该坚持下去，她告诉我圣克里斯托瓦德拉斯卡萨斯是一个很安全的城市，抢劫并非常态。幸运的是，正是这些在当时的我看起来有些残酷的决定，让我最终感受这个城市的美好，并坚持完成了田野作业。

我在墨西哥的田野是在一个印第安自治村社完成的。村社的民众绝大部分都是受到 20 世纪 80 年代以来新自由主义改革影响下从农村来到城市谋生的印第安人。因为缺少技能，他们只能从事泥瓦匠、小工等工作，少数妇女在城市里以打零工和织布为生，大部分女性都是没有收入的家庭主妇。由于收入微薄，他们无家可归。当地一位曾经参加过萨帕塔起义的印第安精英玛利阿诺率领无家可归的印第安人，占领了城市北部的一片空地，并效仿萨帕塔民族解放区，建立一个名为圣达·卡达利那的自治社区。

最初的田野并不顺利，因为政府的数次破坏，他们曾一度认为我是政府派来的间谍。一次偶然的机会，玛利阿诺的儿子胡安了解到我是共产党员，在他看来这是我左翼身份的标识。借此机会，我得到了社区委员会允许，开始了在社区的田野。

自治社区的生活是贫穷的。一贫如洗的家庭、穷得衣不遮体的印第安民众、随处可见的失学儿童无时无刻不让我倍受震惊。问起原因，无一例外都是因为玉米、咖啡价格下跌，在家种地赔本，在这里好歹有些收入。虽然自治社区的土地是免费的，但他们也只能维系最低层次的生活。贫穷的印第安人让我切身地体会到全球化的多面性。事实上，对于弱势的、少数的群体而言，全球化带来的毁灭又何止于 20 世纪 90 年代的新自由主义改革呢。早在 1492 年，哥伦布对美洲大陆所谓的发现开启的全球化进程，就已经将印第安人陷入了毁灭性的境地，无怪乎早期的印第安发出了这样的悲鸣：

> 在一个奇异的王国里，
> 集聚着痛苦和毁灭，
> 只剩下，
> 困惑、迷茫和无奈的回忆，
> 我们在哭泣，
> 死亡的影子在追随我们，
> 我们不知道求助何人，到哪儿去，
> 我们感到迷茫。

万幸的是，虽然不断遭受着商业资本的侵袭，但自治社区的民众仍然固守着传统的"美好生活"的理念，追求着人、自然和社会的和谐共生。每天晚上劳作完一天后，时常看到家庭欢愉的场面。我也时常借此机会和社区的民众开怀畅饮。这样的经历也不时让我反思，到底什么样的生活才是真正幸福的生活？

得知我住在自治社区，我的合作老师玛利亚曾不止一次地关心我的安危，我在当地的朋友们也认为太过简陋的自治社区不足以保障我的安全。事实上，自治社区有着完备的组织结构，社区成员有着强烈的认同，一系列规章制度的运行使得自治社区虽然偶有问题，但大体上能够维系着良好的运作生态。此外，社区的节日委员会也会举办一些印第安本土的文化传承活动，为一些失业的住户提供就业的机会。底层印第安人的自治社区，实际上是以一种社区自治、自行参与的形式，弥补着 20 世纪 90 年代以来，经历民主转型和新自由主义改革后呈现出"弱国家"特征的墨西哥政府对于少数族群生存保障的缺失。

这样一种自治的形态，也是印第安人无奈的选择。在全球化和现代民族国家渗透至高地丛林的恰帕斯，早已经没有可以供印第安人"逃避统治"的领地。在以社区自治方式捍卫权益的同时，社区的领导人也多次向国家权力示好，明确地表示他们的意图并不在于分裂国家。然而，在强大的国家机器面前，这样的示好是无效的。在我田野结束后的一年里，自治社区的民众被驱逐，社区领导人之一的胡安被暗杀，他的父亲玛利阿诺也在一年之后病逝。

墨西哥的田野经历在促使我不断思考的同时，也让我不断反思着此前的研究。事实上，无论是行香走会的会头和信众，还是自治社区的印第安民众，他们都是遭遇全球化与现代民族国家的底层人、边缘人。他们的遭遇，折射的是全球化、现代化在世界各地的蔓延与渗透。尽管出身卑微，生活于底层，边缘的他们仍然用一己之力，延续着自身的传统，捍卫着人之为人的尊严。只不过在不同的国家秩序与生态中，捍卫与延续的主体与路径呈现出了不同的境况。当然，他们的活动与努力，更是对于人类内心诉求的回归，这种回归与现代性建构的关于发展的"颜面"是悖离的。正是这种悖离使得他们处于边缘的境地，也正是这种对于内心的回应，为人类文明的发展与缓解现代性的危机提供了另一种可能。

陌生人中的喜悦与沉思

陈　波

　　五年前，在麻省背盟小镇铺天盖地的大雪中，我开始在欧洲文献中查阅"China"的含义。因有哈佛大学图书馆极为完备的数据库，所以我设定的时间是两周。一个星期过后，我很快发现已经陷入一个深坑：这绝对不是半个月能完工的活儿。经过些许犹豫后，我发心一探究竟。要探索的核心议题，是欧洲－西方学界自 16 世纪以后如何通过塑造"China"来取代"中国"和"规训"中国。这个研究至今仍未完结，但让我受益匪浅。五年里，曾经有一段时间，我早起晚睡，每天睁开眼犹如文曲星附身，沉湎文献中，每天都有新的使命，每天都有新的进展，让我想起 1960 年代列维－斯特劳斯在研究神话学时的体会；不时有困惑和拦路虎，尤其是巨量的欧洲文献和文献中庞杂的语言体系，让我犹如负重的老牛，举步维艰，倍感艰辛。我发现必须时时求助和仰赖于朋友们的襄助。

　　李安宅在《藏族宗教史之实地研究》的结论中曾打比方说，若圆圈内是我们已经掌握的知识，圈是与未知的界面，随着知识的扩充，我们无知的范围不是减小而是扩大。我深切地体会到这一点。从这个研究开始，我领悟到，我再不能轻易地决定或声称是在从事某个新的研究。一个草率的决定，会让我付出若干年的光阴。吾生也有涯，而知识无止境，我得再三权衡。

从丹珠昂奔老师指导我学习藏文化史开始，学习人类学、民族学二十多年，深受马戎老师的民族社会学研究和王铭铭老师的社会人类学研究的影响，着手有关"China"的议题不能说是草率的决定。这是对他者世界的探索，是看他人如何看我，是历史人类学的一脉，是对关键词的概念史研究。有位朋友读完我的一些研究结果，评论说这是在超越萨义德。斯实宏论！萨义德没有文化，而我力图将概念放在文化背景之中，指出其结构转型的过程，这是人类学的本业；但将概念放在尤其是当地的学术脉络之中去考察，人类学却殊少涉及：尽管杜蒙有之，列维-斯特劳斯有之，萨林斯亦有之。

而对历史的关注，离不开当前中国人类学的历史倾向，也离不开高中时历史老师王复生，本科时方北辰、王炎平老师，藏大洛桑群觉诸先生的启迪。近来因北京大学文研院的学术取向，继从胡鸿兄而混迹于普隐史学新锐高级俱乐部，复由肖瑛兄开示的有希望的社会学之潜入历史，皆受益匪浅。

不同的他者，不同的他者观于我的启蒙，始于童年。家乡远处珙州的深山之中，日落的地方有一座山叫"假国山"（音），林木葱郁；山上有"生基"（音）。传说这是"蛮子坟"。原先住在这里的"蛮子"跟诸葛亮比射箭，以箭的远近来定居址，结果发现诸葛亮手下射的箭落在凉山那边，非己力所能及；比赛输了，他们便依约搬过去，留下这"生基"。是否真的如此，就不知道了。从"假国山"右边的山坳平着过去，再过一个山坳，往罗通方向去便到方碑；这碑是以前乡人出资修路立下的；后来我听外公讲，这一带曾经有两家苗族居住，后来都搬走了。他们是讲苗话的。我自小便听母亲讲，星油池的苗族在没有外人在的时候相互之间会说苗话；他们把吃肉称为"嫪薿"（láo ǎi）。她还会说其他的一些苗话。山下的人常常从山上的苗族那里学一些简单的苗语。每当他们相互说苗话的时候，我们就感到非常新奇，说"苗子在打苗话"。山上朋友的汉语不是他们的母语，但他们说得还不错，绝对胜出我们的苗语知识。我不知道他们怎么看我们。这是我一直好奇的。

一位叫熊华的苗族同学，有一次邀请我去他家耍，我便攀到东边山顶上，到他家去玩。当天晚上，我跟熊华已经睡下，突然屋背后传来野鸡的声音，并听到有人声，似乎是在林子里打野鸡；然后我们点起火把，跟了出去，记得当时他告诉我要小声。这让我颇是兴奋。这些跟我们不一样的他人文化的风景，常常吸引我。第二天，他父亲带着我们去底硐镇上。到了街上一家馆子，我们在一张方桌上坐定，他父亲点了些吃的，桌上还有旁的人一起聊天。来小镇的不仅有四乡八里的苗族，还有汉族。

后来我从山村到县城就读，认识来自县内各地甚至县外来的同学，眼界大开；及至负笈省城，来自天南地北的同学更是让我看到多样多元的风习和思想；再经拉萨河畔学习藏语文、京郊白石桥路边的民族大学学习藏文经典，复长期于藏文明区域开展实地研究，他者已经深深地卷入我的生命之中。

2005 年因乐刚和李瑞福之邀，我得以访问北卡大学和杜克大学，并在杜克为本科生教授人类学课程。生平第一次面对英语听众以及与我截然迥异的知识背景和假设，我遭遇到的他者带给我的文化震撼不可谓不小。2012—2013 年在哈佛-燕京学社，2015—2016 年在伦敦政治经济学院人类学系客访，这种震撼依稀犹存，绵续不断。从 2005 年起，我用了若干年才在智识上将这种震撼转换为学术命题，这就是本文一开始就提及的议题，而译作《建构现代中国的藏传佛教徒》（2012）便是这一过程中的附带产物。

2007 年作尼泊尔之行，在种姓制度盛行的地域生活凡九月，让我看到欧美-西方之外的别样他者，其漫长文明留下的馈赠依旧坚韧强劲，一如泰王国星系政体、玛雅文明中的别致古城和乌兰巴托的粗犷繁复显现给我的景象。欧洲-西方以外的他人文明并不忧郁。它们让我沉思。

列维-斯特劳斯曾在热带旅行，切身体会他者的处境和不懂语言而难以沟通的窘境，难怪格尔茨会揶揄他是因为不懂他者的语言而转向结构主义。此翁因不熟稔结构主义渊源，因而所言貌似有理，实则并非如此；此外，转向结构主义者并非都是不懂他者语言。

《诗经·小雅·鹤鸣》言它山之石可以为错，它山之石可以攻玉。这本是希望君主注意在别的诸侯国不受重用的英才，所以郑玄笺"他山喻异国"。我理解，异国多异言，所以《礼记·王制》言五方之民，言语不同，嗜欲不同；达其志，通其欲，东方曰寄，南方曰象，西方曰狄鞮，北方曰译。如果中国人类学的实地研究，都靠各地的寄象狄鞮，则出息不大。

乐英才（音译拉铁摩尔者）在 77 岁高龄时，写过一本自传，名为《陌生人中的喜悦》。他自言在出生的国度之外生活的时间超过半个世纪，所以有国人恶心地叫他"一个-美国人"（an-American），他们是有道理的。他相信要在另一个国家生活，就必须学习其语言、历史和文化。他为进入当地人的生活、了知他们所思所想而学习其语言。终生沉浸于父母之邦，或者依靠翻译在海外短期游历，将永不可能对文化事项进行严肃的思考。"一般来说，我们知道人们行为处事的方式，至少粗略懂得他们在争议中会取怎样的立场。但如果我们生活在异国他乡，我们只能找寻进入点，必须自己着手处理问题，找到感觉，成功地解决问题——这就是喜悦。"所以他的世界观是：世界上有各种各样的人群，要尝试跟每一个人群接触，并用他们的话来打交道，这样的话，"他在陌生人中总是自在而幸福的"。

我走出盆地，穿越河川，扩展到云贵高原的边沿，推进到成都平原，从这里跃出四川盆地，一下子铺开，西进河西走廊、阳关，去青藏高原，随后一步步扩展开去，走遍大江南北，脚印随我四海漂泊：正是在这个过程中，我的生存之道逐渐转变。我开始学习、阅读藏文，我学习专业知识，学习人类学：我在拉萨河谷，在尼泊尔的喜马拉雅山中，在欧美列校，在档案文献和聚落中，在文明的脉络中，实地研究聚落的转型（《生活在香巴拉》），旁涉人们的两性关系风俗（《山水之间》），我也曾寄居拉卜楞寺阿克家，往住白塔寨村，行旅而及新墨西哥州祖尼人那里，短访玛雅文明、阿兹特克人古城于墨西哥国，在伦敦政治经济学院档案的字里行间，寻访李安宅先生的足迹（《李安宅与华西学派人类学》）。我的远方他者也开始转变：从地理意义上的远方，转化为文化意义上的远方；从切实的远方，转化为抽象的远方。

相比抽象的理论建构，我更关心的议题是如何借欧洲–西方人类学来激发中国既有的思想，思考中国人类学谓何及何以可能，首先要考虑的不只是知识上的"中国思想体系"，还涉及本体论意义上的"中国"及其体系。我关心在中国诸文明的学术脉络中，"中国人类学"何以可能，其渊源又是什么。

譬如人类学者每每不屑地提及每个族群都是以自我为中心的。但这么说并无新意，有新意的是这些问题：不同族群的"中"是同样的一个"中"吗？不同族群的"中"是以什么方式来建构的？这些建构方式对他们的生活有何样的影响和塑造？这些"中"曾有过何样的历史？当他们接触到他者的"中"的时候，自己所主张的"中"有过何样的震动和变动？他们又是怎样必然地参与到他人的"中"之中，并不可避免地使之成为自己的"中"的一部分？这就涉及下一个议题：在更大的文明体系中，不同的"中"是如何有效地组织起来的？

宋元之际眉州人家铉翁（约西历纪元 1213—1297 年）在《中斋记》中论述：中随时、随地、随事而变异，彼时、彼地、彼事与此时、此地、此事，中与非中或可互变，这个理解比后来艾儒略在《职方外纪》中旨在劝导明朝士大夫们放弃中国中心观而接受欧洲中心主义地理学而作的论述"地既圆形，则无处非中；所谓东西南北之分，不过就人所居立名，初无定准"，要全面、深刻、辩证得多，涉及社会–文化、事件等层面上的"中"，因时、因地、因事、因场景而变，或可说是"情境之中"，意即这个"中"是处在具体的场景/圈局之下的；用英文表达，就是：a center in context, or the situational center。

王铭铭、赵汀阳、罗志田和赵鼎新诸先进的著述，让我明白中国视角之宝贵和不可或缺。世界人类学需要中国眼光，人类文明/文化需要中国眼光，以看出以欧美-西方为中心的视角看不到的东西，如西方之外他处的价值、悠长之处和优点等，远甚于世界人类学的劳动力市场需要一位中国工人，拷贝欧美-西方的知识工具去图解世界。世界需要的是中国观点的激发，让多样性更多样性。从中国观点出发的视角更是中国人类学亟需的，中国人类学愈是推进，愈是亟需中国观点；然而这样的视角目前正处于岌岌可危之中：既有来自如渠敬东所主张的现实生活视角，亦有来自文明积累的那些视角，都处在岌岌可危之中。

忧郁的年轻人类学家

王　博

　　我出生在西北的陕西，黄河边的千人的村子，因读书自中学就搬到西安，后来大学和硕士分别读社会学和人类学。2009年我去了美国威斯康星大学麦迪逊分校开始读人类学博士。一去八年。当初去的时候如果有人告诉我会花这么长时间，我肯定会不相信。毕竟那时候我24岁，八年感觉就是永远。到如今完成了，反而不觉得长，我觉得我才刚刚开始对人类学研究理解一二，也觉得自己似乎昨天还是24岁。可能跟别的人类学家一样，我在做田野调查的时候，当地藏族人都觉得我二十多岁，哪里有30岁的人说着破碎的本地藏语，也没正经工作，问的问题都很幼稚。也可能我直到去年34岁了才结婚，之前每年过年还收红包，在家人和亲戚那里，也是年轻。当同学都谈论房贷、子女入学和财务自由，也顺便问到我如何计划的时候，我的回答是：我不清楚我在瑞士洛桑大学的博后职位之后，会在世界的哪个地方。看到他们担心的神情，以及父母和师友的关怀，我觉得我这个年轻人类学家前面要加个形容词作定语，那就是忧郁的。

　　不好意思故事还没开头，就忧郁了。稍微接触过人文社科的书的人，很快能想到《忧郁的热带》那本书，开头也是类似的。这并不是我攀附列维-斯特劳斯，而是人类学家集体的心态。从"写文化"开始的反思潮流占据欧美人类学的中心，网络载体也有很多关于人类学家自身对职业的挣扎。我去年11月参加了欧洲人类学学者会（EASA）在瑞士伯尔尼举办的"'濒危'（precarious）的人类学行业"，会上有颇具见解的分析，但不可忽略的是，笼罩在每个人头上的忧郁的阴云。当某种心态成为集体的，并有了制度的支持，那心态就有了自己的生命，游离、变化、弥散。就如同做田野的时候，我问很多当地人的故事，听到和看到的却是书上、电视上和网络上也能得来的。我不觉得这就不真实、不实在、不真诚。反而，人生或许多多少少靠某种类似范本的东西，制造集体心态，供人们体验和消费。比如我八零后，肯定熟悉雷锋和赖宁的故事，也容易认定我们八零后有公共意识，至少比起更年轻的世代。当然，这只是有限的真实。比如在他们看来，我们缺少个性和创造力。忧郁的年轻的，也都是有限的真实。我见过生活艰辛的人，更忧郁；也认识放得下的和放得开的人，更年轻。

我高三的时候并没有想读什么具体的专业，进了大学也是调剂到了社会学，算是社会学选了我。我遇到杨德睿老师，发现讲故事也可以充满分析的力量，对人对事敏感也能促进学理，由此就跟他做了毕业论文，回家乡调查祈雨仪式，回答为什么有天气预报还要祈雨，也顺便发现了祈雨仪式有事实理性之外的东西，比如创造社区团结。这种调查方式也很有趣，找人问问题，跟着人去做琐事。后来我考入王铭铭老师的硕士班，读不懂原典，跟着学中西对比的尤其是中文古书里面的人类学理论，很新颖也很难。我打开了对历史的兴趣，做了司马迁研究小组的研究，翻了许多县志，用读到的理论分析和对比收集到的材料，不再只做调查。王铭铭老师对人类学的执着，惊人的独创，包容的学术思想和笔耕不辍的高效率，鼓励我继续追求人类学研究的道路。我非常感激认识周永明老师，也是我的博士生导师，他睿智的理论视角和深厚的实践经验对我影响极深。从开始的项目设想，到框架和方法的细致计划，再到写作阶段，我都能从我们的对谈中吸收到非常有用的知识。每次我写好研究计划或者论文章节，拿给周永明老师，他都极为犀利地指出许多我想当然的段落，要我把来龙去脉交代清楚，才能说我想说的——其实来龙去脉反而变成了最后的定稿。这样的对谈往往激烈且节奏快，温文儒雅的周老师突然连珠炮似的发问，我当时只能快速记下笔记，往往过好几天才能慢慢消化。周永明老师对人类学和对中国研究的见地与把握是一流的。在美国读人类学博士项目，几乎每个学生都要申请田野调查基金，一般两万美元，支持一年的调查。每年全美也只有为数不多的调查会获得资助。我连续申请过两年，第一年周老师觉得准备不足，果然几个都没中。第二年周老师发信给我，赞扬了我的研究计划，接着我很快就拿到了美国国家科学基金会的资助，后来的论文写作全年也拿到了竞争颇为激烈的蒋经国学术交流基金的支持。周老师获得过无数的项目和奖，他对研究品质的把关是极为少见的精确。我毕业之后，他时常跟我讲找工作的故事，在这些风趣的故事里，似乎所有沉重的忧郁，都变得轻盈和确定。他能在无比复杂和沉重的现象里挖掘出简练的道理，在道路、科技、国家、全球化等多领域都有历史学和人类学的重要贡献。他的睿智和乐观，总能化重为轻，对我影响极深。

因为求学和当下的工作，我也有幸在中国、美国和瑞士三国生活。如果把他们拟人和比较年龄，美国算是最年轻的，没有太多的包袱，实用理性，也有可贵的乐观。我接触的美国学生很多，他们表面上似乎不太懂很多浅显的知识，甚至对常识也所知甚少，比如有学生认为中国和澳大利亚是接壤的。可是他们非常乐观和自信，选定目标后会坚持和付出，对成见保持怀疑，总有新的想法，这在其他地方比较少见。或许在做博士研究层次的东西的时候，能有这种年轻的心态，不是幸运，是必须。我记得在读博士第一年的时候，大家都每周读三四百页的英文学术作品，并要写有针对性的批判。这需要年轻的心态和信心，有怀疑，有坚持。我们文化人类学博士班开始九个人，后来毕业了三个人。回头看，完成的人也的确是没有想太多的人。当然这不是结束。我在准备第一本书，很难想象书会是什么样子，就如同我在 2009 年踏上威斯康星州麦迪逊市，也无法想象将来是什么样子。我记得我到达学校中心的纪念大楼已经是晚上十点，没有手机，站在两个大行李箱旁边，不知道怎么通知朋友来接我。我看见一家人在谈话，是除了我之外仅有的站在黑夜大楼前面昏黄灯下的人。我问他们借手机，他们先说了不。我回到原来的位置。五分钟后，他们主动走过来，递给我手机，说他们的儿子刚入学本科，他们来送。我接过了手机，拨通了朋友电话。不知为何，八年多过去，我记得最深刻的却是这一幕。

　　回想我选择人类学，我上第一堂课，我开始做田野认识第一家人，我写书结交第一位编辑，我的心态其实都是一样：年轻。虽然我不知道未来在世界的哪一个角落，也不知道能不能继续做人类学，我确信的是，即便忧郁，但只有保持年轻的态度，保持质疑，才能前行。我尤其感谢家人和伴侣，他们给我流浪的人生选了承诺也选择承诺于我，因为人生唯有承诺，才变成有意义的旅行。这点看似浅显的道理，是我从擅长现象学人类学的海德-默罕默德（HayderAl-Mohammad）老师身上学到的；他坚信日常生活本身富有哲理，能做好生活里的角色，勤于思考，才能做出学问。不经思考的实践，才是思考的源泉。随着我的生活推进，就如同用锤子钉钉子，我会身体力行不断完善技术，却无法同时描绘它。

作为一种生活方式的人类学与人类学家的自我发现之旅

黄剑波

回顾过去这二十年，或许可以如此小结。人类学于我不仅仅是一个饭碗，一门学科，或者一个角度，一种方法，更是一种生活方式，可以跌跌撞撞地穿梭于自我与他者之间，在文化、观念、价值的碰撞中破碎，也在破碎后的废墟中重建。同时，我越发能理解威廉·亚当斯那句话：人类学最令人欣慰的悖论，也是她最激励人的特征，就是研究他者的同时也是一个自我发现的生命旅程。

1997 年我在糊里糊涂中进入民族学/人类学领域，上了贼船。三年的硕士课程完成后才算多少有点儿感觉，但实话说，我对学术研究的真正理解和真正投入可能是在完成博士论文，拿到了那张博士证书之后的事情。

不过，虽然一路稀里糊涂地走下来，回想起来有几个东西还是很清晰的。一是对于生/死问题的深层关怀，尽管是比较隐性的。亲人离世以及自己人生经验中的一些事件，使得这个问题无法避免，尽管在平常的生活中我们已经被训练好如何将其掩埋和隐藏起来。因此，也就会有意无意地阅读和思考一些哲学问题，人生问题，何以生，如何生等等之类的问题。

　　二是对于文化差异性的敏感和兴趣，这大概与我大学宿舍里的生活经验有关，在那之前我从来没有接触过回族，结果我一个宿舍七个人中有三位回族同学，这个冲击非常巨大。我们常说，文化自觉源自与他者的相遇。我这个经验大概就算是。

　　与此相关的则是对于宗教/信仰的关注。我注意到，尽管他们三位都是回族，但似乎对于伊斯兰的理解和自身的生活实践差别非常大。同时，我这时开始接触到基督教和基督徒。尤其是在生活中见到"活"的基督徒，人很正常，而且为人亲善，这对我也产生了巨大的冲击，因为那之前所知道的基督徒大概就是刻板印象：要么是穷或弱，要么是比较傻，当然还有一个印象就是"帝国主义侵略的走狗和先锋"。

　　这可以说直接影响到我后来对于宗教问题的持续关注和研究。不过，从研究进路来说，现在回头看的话，最开始主要是比较社会层面的探讨，无论是博士论文阶段完成的乡村基督教研究，还是后来做的关于城市教会以及农民工教会的研究，基本上都还是在这个层面上的调查研究，与宗教社会学的路子比较接近，因此来往和互动也比较多。

　　不过，从2004年前后我就有意识地增加了与历史学和哲学/神学相关领域的交流，试图在历史的脉络中展开研究，在哲学的深度上有一定的思考。当然，一直也有意识地将人类学所强调的"地方/地方性"（local or locality）作为我的关键词切入到宗教（学）研究中去，例如《地方性、历史场景与信仰的表达》（2008）、《地方文化与信仰共同体的生成》（2013）等。

　　大概在2013年前后，我们进而试图去处理到底一个宗教信徒是如何体认其信仰，如何实际感受和"成为"（becoming）一个宗教实践者的过程。这也就是最近几年和杨德睿、陈进国等人在一起尝试的一个研究方向，做"修"或"修行"的探讨。其实扩展来说，也就是"学以成人"的这个哲学问题。简言之，我们的研究虽然目前主要集中于宗教领域，但确实并不仅仅是关注"修身成道"这样的"宗教"问题，而是"成人"这样的问题。

当然这还在非常初步的阶段，但从人类学学科的角度来说，一个基本的背景就是我们对于至少是宗教人类学研究中的政治经济学进路和结构功能论的统治地位的感知。这些研究当然产生了一大批重要的学术成果，并且仍然会是一个有益的研究进路，但如果局限于此，显然是不足够的，很多问题难以触及。其中一个比较显著的问题是，在我们的民族志作品中，具体的人基本被隐藏甚至消失于一些概念、框架及理论的分析之下，留下的是一个被抽空了的"人"。

另一个显然可见的问题看起来则是相反的方向，那些看起来非常抽象化的理论讨论、学理分析，其实在很多时候又是非常琐碎的，纠结于一些细小的、局部的，甚至无聊的辨识和争论，而无法将民族志的写作提升到人类学的层面，从根本上放弃了经典人类学的最终关怀，将自己囚禁于对具体文化的描述和分析，闭口不谈对于人之为人的这样最为根本的探索。当然，奢谈人或人性的问题容易沦为流俗和空洞，并且也不是每一项具体的研究或文章都必须扯到这里去，但是，我坚持认为，这过去是，也理当继续是学科性的最终关怀。

颗　粒__

始终背离初衷

李　耕

　　我目前在中国社会科学院民族所工作。本科在中央民大，硕士在北大，然后在澳大利亚国立大学读的博士，一直在人类学圈待着。我现在做的课题是关于乡土建筑的。最近几年，跟建筑师、规划师、乡村实践的艺术家接触比较多。原来觉得人类学的人最有学科自恋情结，跟上述人群接触后发觉大家自恋程度差不多。但我博士论文完全做的是不一样的，我研究的是占卜从业者这样一个群体，就是所谓的算命先生。后来工作之后，可能因为物质匮乏吧，开始对物质研究感兴趣。

　　常有一种情况，就是你最开始选题的时候，你想做的角度，跟你最后论文写出来，是完全不一样的。我最近的两个项目都是这样。比如占卜从业者，我本来是想做宇宙观或者知识传递，我觉得这个角度非常有意思，后来做着做着，发现做成了一个灰色的职业群体如何去攀附各类话语，包括周易、国学、科学、心理学等等，合法化自己的行业。也可能是太年轻了吧，当初喜欢的宇宙观、知识社会学等切入角度，觉得在现有能力范围内把握不好，打算过几年再继续算命先生的研究。另一方面也是因为博士论文用英语写，要相应地照顾英语读者感兴趣的点，他们感兴趣的更多是政治经济这方面的东西。

回到建筑这个目前的研究，本来是想做空间感，做认知这一块。后来也做成了基层动员、社区参与，就是关注社区怎么去集体行动起来保护文化遗产这样的议题。我本来想观察房子、场所如何作用于认知、文化与社会，最后发现自己写出来的论文都是关于集体行动逻辑这方面的。之前的空间方面的理论准备和自己实际写出来的东西还是有偏离的。我比较苦恼于这一点，就想把自己拽回来。可能毕竟人类学还是有点"人来疯"，就是看见一群人在活动，会觉得很兴奋。

我目前常去的调研区域，在福州、龙岩和普洱。碰巧不管去到哪里，总是遇到文化遗产领域的团队。可能关于公共参与这块我比较有感触。因为现在很多学科的人对人类学有种好感，他们一听你是人类学的，会很高兴，会有很多期待。比如期待着你能帮助遗产保护进行社区营造。我有些犯难。因为有很多地方我也是第一次进入，并没有储备过当地的历史人文知识。另外各行各业，大家做项目都是用高效率的方法尽快收集信息，然后按照甲方要求在一个时限内进行产出。而人类学是一个慢活，是一个慢功夫、笨功夫，用现代性的狭隘标准来看，汲取信息的手段往往是低效率的。所以我也觉得挺对不住那些合作伙伴的。另外，我看会议计划里有学术发展这个议题，这方面我觉得常让年轻人有挫败感的是，似乎学科内部缺乏一些判断是非好坏的标准。

游走于影像与田野的河山

朱靖江

生命是一次有趣的探险，有时需要激流勇进，有时需要辨明方向，但更多的时候，不妨追随着自己的心性，随兴所至，或许可以渐入佳境。我与人类学之间的关联，就是这样一种虽始料未及，却充满情致的人生旅程，以至于到今天，虽然跻身学界并不长久，更谈不上有什么学术造诣，却独乐其中，观其自在。

与一众毕生事一业的学术专才不同，我的求学经历与职业生涯多因率性，颇为曲折。20 世纪 90 年代初，我入读北京大学法律系，主修科目多为法学诸门类：公约宪法、刑民诉讼……只是我天性比较怠于法条诵记与案件争讼，所以临近毕业时，转而投考了北京电影学院导演系的研究生，在郑洞天教授的门下，学习了三年的电影导演理论与创作实践，然而九十年代末期中国电影业沉沦谷底，入行艰难，遂开始了以影视拍摄为主、文字写作为辅的自由职业者生涯。

从 2000 年起，我参与了中央电视台电影频道《世界电影之旅》的栏目创建，并在其后十年间，访问了世界近三十个国家，拍摄出上百集世界电影文化纪录片。也正是在从事纪录片创作的过程中，我逐渐感受到世界多元文化的魅力，以及通过影像方法记录和表述文化内容的深远价值，于是在 2004 年重返北京大学，攻读文化人类学博士学位，并完成视觉人类学领域的博士论文。2012 年获得博士学位之后，我进入中央民族大学民族学与社会学学院，开始了在高校从事教学与科研的另一种人生体验。

视觉/影视人类学作为人类学体系中的一门分支学科，在国内学界始终处于较为边缘的地位。究其原因，首先是自身的学科建设水平相对薄弱，特别是理论框架缺乏系统性的学术表述与规范的术语体系，难以和人类学主流学术系统建立平等的对话关系。因此，迄今为止，中国的影视人类学仍被大多数学人等同于拍摄民族志纪录片，没有能够建构出一套更富于理论价值的学科发展体系。而在学科内部，从事影视人类学研究的学者们也多以民族志影片的摄制为主业，自成一体，较少参与人类学其他领域的学术讨论，这反过来也阻碍了这一分支学科在人类学体系中的认知。

我在中央民族大学的民族学与社会学学院任教已五年有余，专注于影视人类学的教学、研究和影像创作。从研究角度而论，影视人类学界应当拓宽视野，除了拍摄和制作影像民族志文本之外，还需对人类所创造的影像文化有更为宏观的观察、思考与表述。换言之，让影像不仅作为我们学术表达的独特工具，更成为这一学科研究的核心领域，与当代世界文化的影像化趋势相呼应。以影像文化为阵地，影视人类学者才能够建构一整套学科理论体系，扩张学术领域，成为与其他分支学科展开交流的对话方，共同参与到人类学学术共同体的建设当中。

　　从教学的角度来看，影视人类学最好的学习期是在大学的本科阶段，通过学科理论、历史源流、影片分析与影像拍摄方法的综合教育，让学生知其道，习其术，谙其史，涉其趣，既掌握这门学科的基础知识，又具备影视创作的基本技能，能够独立完成影像民族志作品。我们当然不能期望每一位学生都投身于影视人类学的研究，但我们至少能够为他们的学术发展提供一条影像之路。

　　很多影视人类学界同仁都致力于以长时间的田野观察和影像记录为基础，创作内容完备、情节复杂的民族志电影作品。这自然是本学科与其他人类学学科相区别的重要特点，也能够在海内外的人类学影展中获得声誉，但是我更主张将影像方法应用于人类学的普遍研究之中，即在田野调查过程中，利用影像工具随机记录文化事象，以影像田野笔记等形式，丰富人类学者的调查内容。这些影像素材未必剪辑成一部结构清晰的民族志电影作品，而是融汇于最终的学术成果中。发展与周边诸学科的合作关系，不着于相，美美与共，我以为这才是影像对人类学最为朴素、切实的贡献。

　　作为一个多年游走于五行三界的学术浪人，人类学对我的吸引力依然是来自远方的召唤。游走于影像与人类学共同营造的"河山胜境"，或许正是我此生皈依的不二法门。

人类学之魅

——自我发现、反思甚至生活的契合

张　慧

　　从 1997 年到 2017 年，我的人类学已经"学了"20 年，从本科的中央民大民族学系，到硕士的清华社会学系，博士的时候终于"跨学科"去了伦敦政治经济学院的人类学系，现在的工作又是在中国人民大学社会与人口学院，与社会学、社会工作、人口学的同事们一起考评。这种跨学科从事人类学的经历，从某种程度上其实体现了我们人类学的特点以及研究视野和研究问题的特殊性。人类学不是一级学科的问题先放下不谈，这种学科设置常常体现为人类学研究总要与"中国问题"联系起来，无论是"民族问题"、"社会问题"，还是"发展问题"或者"人口学问题"，"中国问题"往往是研究的核心，而不仅仅是抽象的"问题"（比如情感还是情感治理、暴力还是群体性事件、焦虑还是积极社会心态的构建）。这一点在项目申请上似乎体现得更为突出，以至于我的"嫉妒"研究结束以后（关于嫉妒研究的心路历程已经在《羡慕嫉妒恨》一书的导言里详细描述，此处不再赘述），申请项目屡试屡败，总是不知道如何接续对情感这一问题的研究兴趣。

　　另外，我一直不觉得人类学需要有泾渭分明的分支，无论是情感人类学、经济人类学还是医学人类学都是用人类学的视角和方法对某一个问题进行研究，重点是落在人类学上，就像之前张志培所说的，不再××人类学，而是回到人类学本身。好的研究就是好的研究，不一定非要限制在某一门类下面。这种学科分野也常常导致一种总觉得找不到"组织"的感觉，好在回国以后遇到了研究旨趣非常相近的"女博士读书会"，后来又开始了一系列"日常生活"研究和论坛的活动。××人类学也许没那么重要，但是学术共同体还是非常必要的。

就我自己的研究而言，硕士研究生论文做的是艾滋病歧视，也跟着导师做了一些艾滋病相关的项目。博士的时候是用情感的角度看财富和不平等的感知。博士毕业以后做了四年可持续城市化发展的项目，田野在重庆和昆明。然后下一步一直说要研究焦虑，但进展缓慢，直到今年在黄剑波老师的催促下，我们才终于完成了一系列焦虑文章的组稿。最近接触到一些海外移民群体，发现了一些不同的移民趋向，在考虑是不是可以从"逃离北上广"的角度去讨论焦虑及其相关的生活策略，也许焦虑往往源于对某种"美好生活"的执念。那这种"美好生活"是什么？又是如何"执"下去的？

之前很多位同仁都已经提到了人类学的魅力恰恰在于对自我的发现、反思甚至生活的契合。我也是一样，无论是跨文化交流、生活中的困惑，还是遇到令人瞠目结舌的事件，都可以是学术思考的来源。所谓生活处处是田野。而对于不同领域的关注也在随着年龄和经历的增长不断扩展，比如以前一直抗拒历史（觉得自己无法把握），但是在研究"情"的概念和中西对于"情"的哲学差异的时候发现情感对于社会变迁的应对古已有之；再比如以前一直对宗教不感兴趣（同样的畏难心理），但是在罗马访学的时候发现西方理论的很多根源都与基督教的发展有关，根本跳不过去，所以只能抱着蚂蚁搬家的心情，一点一点地增加自己的积累。好在还勉强在"青年自述"，只能勉励自己：慢慢来嘛！

"反那耳喀索斯"

陈 晋

　　我的经历跟很多同仁一样，都是从研究一个非常具体的案例开始的。我的主要研究对象是位于川滇边境的纳人（摩梭人），硕士和博士论文做的都是纳人达巴仪式研究。从 2003 年起，我一直在从事这方面的研究。近四五年来，我的关注点从单纯的仪式研究逐渐转到认知方面，涉及纳人的认识论、达巴知识的媒介、时空观念等等。去年我在《民族研究》发表的文章就是关于达巴仪式中体现的时空认知逻辑。

　　当然，持续研究同一个社会也容易觉得厌烦。为了摆脱这种情绪、寻找新鲜感，我尝试着去做一些比较研究。近年来，我在苏南、黔东南、湘西、大理等地做了一些短期调查，以拓宽研究范围。涉及的主题有仪式、信仰、宇宙观、记忆／忘却、想象，还有一些其他陆续在整理的东西。

　　我接下来要谈的"反思"可能带有一点挑衅的意味。刚才大家在做学术自述的时候，我不自觉地想到一个事情：巴西人类学家维未洛斯（Eduardo Viveros de Castro）在 2009 年出了一本书，叫《食人形而上学》（*Métaphisiques cannibales*）；他说这本书应该是一本更宏大的书的序言，后者的名字叫《反那耳喀索斯》（*L'Anti-Narcisse*）。大家都知道那耳喀索斯是希腊神话里的著名人物，是全希腊最俊美的男子。他在水中看到自己的倒影，觉得自己太漂亮了，无法离开，最终憔悴而死，化作了一株水仙花。"那耳喀索斯"因此成了水仙花的名字，也是"自恋"的代名词。

维未洛斯提出"反那耳喀索斯"，显然是向他钟爱的法国哲学家吉尔·德勒兹的巨著《反俄狄浦斯》致敬。他批评人类学长期以来就是一个自恋的学科，人类学家眼中的"他者"，不过是我们自身的倒影，这跟那耳喀索斯的举动（以及命运）一模一样。所谓的"反思"是什么意思？无非是从一个镜面来看我们自己。人类学从进化论时期开始，就从未停止从他人中寻找自身。即便到了后期，相当一部分的人类学家依然寄希望于通过研究所谓的"传统社会"，来打量、思考或解决自身的问题。维未洛斯说是时候我们来打破这面镜子、停止这种自恋了。

2015 年，我的导师、法国人类学家菲利普·德斯科拉（Philippe Descola）受邀去加拿大做一个关于结构主义的演讲。他谈到一件有意思的事情，即我们应该建设一种"对称化"（symmetrization）的人类学。所谓"对称化"，是指研究者和被研究者的文化特征在平等的基础上相互兼容，而非前者包括后者。在这里，我想大胆地把"对称化"和"学术自述"联系起来。我认为，中国人类学的年轻一代应该关注如下问题：写作、演讲时，我们究竟是在谈论自己，还是在谈论我们的研究对象／伙伴？田野调查与民族志材料在多大程度上可以转化成新的、"对称式"（symmetrical）的概念工具？以及，在中国和世界发展的版图中，人类学如何找到自己的定位？

　　我经常用那耳喀索斯的故事来提醒自己和我的学生，不要做那个沉迷于自身、最终憔悴而死的人。所以我不太愿意"自述"。我觉得人们真正需要听到的是纳人、达巴教给我的东西。这些东西并非由我创造，而是人们在经年累月的实践中积累起来的智慧与经验。按照列维-斯特劳斯的说法，"神话没有作者（les mythes n'ont pas d'auteur）"。我所理解的人类学，至少是对所谓"作者资格"（authorship）的批判。

凝望深谷

袁长庚

  我将本文视作对自己的"生命史"研究，是转型时代的中国社会当中，一个普通知识人对来路的匆忙一瞥。

  2004年9月，我以全校山东籍文科考生倒数第一名的成绩，被中央民族大学录取。经济、历史、中文三个志愿尽皆投档失败，被调剂进入民族学与社会学学院"民族学与英语双学位班"。十多年后，我在博士论文后记的开篇写到："在这篇以'感谢……'为主要句式的文字中，首先要致以谢意的恐怕是命运。"如果不是这般阴差阳错的善意捉弄，在当时中国的文科高等教育体系中，一个本科生想要接受系统民族学（文化人类学）教育的几率微乎其微。我自小生长在山东的一个厂矿小社区里，"民族"只是政治课本里一带而过的"次要考点"。就是在几乎一片空白的状态下，我开始了长达12年的人类学学生生涯。

  中央民大民社院当时的教学体系既保留了新中国少数民族研究的基本框架，又加入了许多西方人类学训练的必要内容。当时我们一面老老实实地从南北方少数民族概况这些基本知识学起，一面被各位年轻教员们不断灌输一些听上去怪异但又有趣的新概念：深描、实验民族志、诠释学、实践感、写文化……时至今日，我非常感谢这种"双轨制"所打下的知识基础，它让我养成对特殊历史脉络、文化样貌的基本自觉。在面对西方学术时，这种自觉常常有助于坚守批判视角、把握被学术政治所遮蔽的问题面向。博士期间，我曾经给一门族群政治类的通识教育课做助教。课程材料里有一篇美国学者写的著名论文，主旨是批判中国新时期文化政治中对少数民族的"内部殖民主义"倾向。当时我从八十年代文化热、寻根潮的一些基本事实出发提出了一些反对意见。任课的教授非常惊讶："我从来没有想过可以从这个角度想问题！"我个人认为，脱胎于苏联民族学的新中国民族研究固然有诸多值得反思之处，但它综合历史、生态、文化与日常生产生活实践的体系本身仍有亟待挖掘的学术价值。更为重要的是，那种尊重历史但"面向未来"，同时又饱含经世致用之责任感的学术态度，对青年学生而言，实在是大有裨益的启蒙之道。

生活在民族大学，周遭的师友大都来自民族地区，对我来说，"多元文化"首先是一个生活的状态，而非学术概念。我们在书本上对人类学的学习，常常受到现实生活中切实张力的直接挑战。开学第二天，班级男女生互访，维吾尔族女同学热汗古半开玩笑半严肃地对刚刚洗完手的我说："在我们的文化里，把手上的水珠甩到别人身上是非常粗鲁的行为。"自那以后，直至今日，即使在家中，我也再未重复过这个"粗鲁的行为"。热汗古毕业后两年，因病不治，长眠于帕米尔高原，但她的那句话已经具身化为我的惯习（habitus）之一，永生难忘。这种附着在日常生活中的教育，是我在民族大学最大的收获。

民族大学的学生大都以少数民族研究作为方向，我亦不例外。本科高年级和研究生阶段，我跟着张海洋、贾仲益几位教授做了一些有关民族地区发展和政策革新方面的课题。民大培养体系的另一个特点是重视田野工作，除了例行的毕业实习之外，每个假期学校都支持学生独立进行社会调查。坦白说，以我们那时的学术能力，往往只能照猫画虎、浅尝辄止。但对普遍缺乏社会阅历的青年而言，这种经历的价值可能就在于它能够以真实的文化遭遇激活当事人的知识储备。那些年在民大读书还有一件乐事，就是参加王铭铭教授组织的"人类学席明纳"（seminar）。这一系列讲座，题目并不限于人类学，许多今日学界如雷贯耳的名字，都曾出现在文科楼 13 层的那间会议室里。"席明纳"的题目纷繁，讲者背景不一，但暗含两条主要线索，一是提倡重新整理民国以来的学术传统，接续思想脉络；二是以经典社会理论作为切入点，探讨整体性理解现代西学的可能性。当年在"席明纳"影响之下读的很多书，充其量只能说是"翻过"，日后也并没有形成什么了不起的见识。但这些生吞活剥的东西，今天反倒影影绰绰地重新浮现于思考疆域之内。

我做硕士论文之前的几年，以景军教授、翁乃群教授为代表的国内学界前辈已经开始有意识地引介西方医学人类学。碰巧那时我正痴迷于当代法国哲学，从福柯到让·吕克-南希，似乎人人皆谈"身体"所能激发出的新理论空间。一年级行将结束，当时还是"青年教师"的关凯教授在一次课后把我单独留下，邀请我加入联合国人口基金西班牙千年项目的一个研究团队。从那年的五月末开始，我跟着关老师不断往返于亮马桥与民大校园之间。从最初的项目论证到调查工具的设计，又一轮从零开始。关老师在加入学界以前长期从事民族事务的实际工作，特别在意研究方法上的严谨性。那年夏天，我们在中缅边境的两个村寨里待了一个月，从"现代妇幼保健服务与少数民族传统文化"这个具体题目入手，很快就讨论到一些更为宏大的问题。虽然那时关老师对医学人类学兴致索然，但他长期以来对民族问题的一些深层关切，经由这样一次边疆地区的穿行，反倒被激发出新的面向。我至今还记得我们在瑞丽边境的一处露天市场上，每晚买一瓶很便宜的梅子酒，聊到深夜还意犹未尽。从那时起，我便坚定了要做医学人类学和身体研究的意愿。

硕士阶段，对我研究影响最大的另一个老师是北京大学朱晓阳教授。从民大到北大，跟着朱老师的课，读他指定的书。这些书里有政治人类学的经典文本，也有《资本论》《身处欧美的波兰农民》《后现代的状况》，甚至哲学家普特南、罗蒂、戴维森的作品。假若如欧美一些人类学家所谓，"人类学"有一个复数形态（Anthropologies），那我所心仪的，大概就是朱老师所展示和勾画的那种"人类学"。它不囿于某个分支或某个琐细的问题，而是被一种源于知识自身的紧张感所催动。这种取向的利弊，见仁见智，但它更接近于我个人对"知识人"这一生命状态的期许。

2011年，我赴香港中文大学人类学系攻读博士学位。进入规范的西方学术体系之后，反倒没有什么铭刻在生命中的思考和研究体验。我原本想研究基层医疗机构当中的知识建构和道德冲突，但阴差阳错被"吸收"进入一个以兜售保健品、化妆品为主营方向的"直销团队"。在中国的法律、政策框架内，这是一群有着合法身份的人，但是在小地方日常生活当中，他们依然被视为危险、贪婪的"传销分子"。在此之前，我丝毫不知，在我学习、生活过多年的这个城市里，这些大大小小的直销/传销团队，一直在通过自我组织、自我发展的方式持续蔓延。为了生存，他们不得不灵活地征用各种道德和文化资源去进行自我辩护、知识生产和生意扩张。我常常跟朋友开玩笑说，前后 25 个月的田野调查，在一个小城市里天天感受着草根组织的冷暖悲喜，目睹财富、情感、欲望、信仰等诸多经典人类学命题的重现、变形，于我而言好像一次"上山下乡"，一次"很有必要"的"再教育"。经此一段生活，"老百姓"、"小地方"、"过日子"之类日常语汇，都成为丰满而深邃的分析框架，仿若一扇扇门，通向过往十年的阅读和思考。在撰写博士论文的那段时间里，我常常记起台湾人类学家刘绍华教授在一次学术会议期间叮咛我的一句话："你记住，没有什么医学人类学，只有人类学。"我理解，绍华老师的意思并非解构学科内部分殊，而是希望我不要坠入某一领域之内一叶障目。生活，本就混沌而自成一体，它不可能服从于某一分支或单一理论范式。也正是在经历了这一系列的转折和磨砺后，我更加感谢关凯老师、朱晓阳老师教给我的那种宽广而真正的大人类学。

目前我在人类学家周永明教授领导下的一个跨学科的研究机构中继续从事人类学。如无意外，在整理完博士期间一些思考成果之后，我还将沿着身体、伦理、技术、"后社会主义转型"这几个关键词去构思下一个研究题目。另外，我希望系统地重读、引介一些新千年以后欧美人类学的重要理论思考，并且使之与我一直感兴趣的当代激进理论（radical theory）之间展开对话。

不经意间，这篇自述已经写得太长。它不像是"学人自述"，更像是一个学生的申请材料。虽然已经在这一专业里浸泡了十多年，但我也很难讲自己"弄懂"了人类学。在当代知识体系中，人类学无疑处在一个阈限的状态，一方面它极端重视理论能力，甚至已经显现出某种哲学化的倾向；另一方面，它又不容置疑地要求研究者直面、尊重斑驳凌乱的生活经验。这种以严肃思考的姿态深入喧哗百态的知识生产者，固然受个体经历、偏好的影响，但根底上还是一些机构、师长因缘际会的特定造化。其实，无论是个体生命史还是日常众生相，都像是隐藏无尽疑问和无尽答案的深谷。人类学者或许永远无法达至"真相"本源，但这种不断逼近的努力，正如战风车的堂吉诃德一样，自有一种力量和尊严。

我的人类学时刻

雷　雯

　　2014 年 8 月 25 日，坦桑尼亚旱季的午后，一堆男人将村子里破败的党员活动室塞得满满当当，他们一个站起来，另一个坐下，向大家倾诉的不是这个受到了马赛人的死亡威胁，就是那个又和这些"没人性"的放牛人产生了冲突。我和翻译一同坐在角落的长条凳上，他本就是村内的党员，这次的参会他显然更加上心，并未像之前一样早晨喝酒，下午歇工，反而是眉头紧蹙，积极地参与着探讨。此时的我，突觉小屋内空气压抑，莫名浑身发热，只得挤出人群，靠着门槛席地而坐，同前来参会的女党员一起找到了一个只听不说的"合适"的位置。背对着人群，听着高高浅浅的说话，我的脑中不禁开始怀疑："是不是真的得了疟疾，还是中午吃的青蒿素的副作用？"

　　我并非人类学科班出身，喜欢人类学也不是源自《忧郁的热带》这本气质独特的"文学"作品。但回望过去，最早可能源于迷恋田野旅行这种方式。本科毕业的暑假先是跟着长途卡车司机流窜于昆明与南宁，一同下棋、聊天、盯车，而后是每个暑假的各类人类学田野暑假班项目，先是去了中山大学的海洋之旅，再是云南大学组织的香格里拉田野，当时的我闲逛于码头鱼市、浅海沉船、高原村落之间，深深地觉得这种"花钱少、玩得新奇"的田野十分有趣。而后，兜兜转转，终于在中国农业大学的国际发展项目中得了一个去非洲田野的机会，做起了发展研究。

发展研究长期分为两个分支，即发展经济学与发展人类学。当然还可以根据立场不同，将人类学与发展议题再区分为利用人类学方法做发展项目与利用人类学来反思发展两件事。实际上，人类学的发展研究呈现出的多是对"发展"的批判，无论是从发展项目干预知识与本土知识的差异，还是国际发展体系的内卷，只要是人类学家来讲述发展故事，那故事多是失败的。但凡事抵不上自己喜欢，能够反思自己身处的结构，这件事岂不是很"年轻"。因此我将自己定位于人类学的发展研究，并甘拜于斯科特、弗格森与埃斯科巴的洞见之中。理论可以通过读书来增长，但田野作业则在一次短促的坦桑之行后徘徊不前，直到2013年7月"海外民族志工作坊"的召开。

那年的"海外民族志工作坊"是第二届，由中央民大与社科院人类学所联办，不仅请到了汪晖、阎云翔这样的学术大拿，而且还邀请了一批有海外田野经验的前辈来分享田野故事，同时还按照研究地域对学员进行分组，安排集中的田野计划探讨。那些早晨起来打鸡血似的上课，晚上和同修们一起探讨研究问题的畅快，今天仍让我觉得有种"中毒"的魅力。我们白天听说的是阎云翔的"只有一条狗"的田野与个人生活非冲突论，是徐薇的面临非洲抢劫"三句保命话"，是马强的在俄罗斯如何沦为家庭重劳力的血泪史，是赵萱坎坷的耶路撒冷的生活史，是夏循祥透过喜帖探知的天后八卦，是和文臻的斐济丢东西之旅。晚上则聚在一起，探讨的是越南诸神全有的高台教、尼泊尔的旅行飞地、马达加斯加的新老移民、中缅的跨境难民……那时候的讨论更像是剥去了"假"客气的"真"辩论。那时候的夜晚，我们心心念的不是"姐姐"，而是"全世界"。乃至最终，我竟然有了一种"异样"的体悟："人类学，不光要求献祭自己的头脑，还要献祭自己的身体。"

而后，抱着这种献祭给人类学的急迫的心，在 2016 年暑假，我重返坦桑的小村子，像我想象中的人类学家一样工作，一样受苦，一样地将猎奇扩展到了自身，乃至最终在有了开头所描述的"我的人类学时刻"。但人类学的魔力就是这样，它会在你自以为是的时刻，给你最为深刻的反思。而我所谓的"人类学时刻"，已然受到了多种批判，比如同为培训班成员，"什么都知道一点"的经济学家梁捷早就将这些故事归为"受虐"范式，亦或者也是奥特纳所探讨的"黑暗人类学"的一个注脚。然而苦难并非只来自田野。在前后三次，总共五个月的坦桑田野中，除了收获了一个典型的"时刻"以外，还积累了看似无穷无尽但写起来却捉襟见肘的田野资料。这其中有一些村落政治斗争，有伴随着这些斗争流传的巫术谣言，还有能将外来投资者卷入其中的农牧民冲突，当然少不了戏剧感十足的威胁信与放火。返回写作，才发现它与生活相似，丰富且杂乱。

面对杂乱，我显得手足无措，整天整天地在附近的大公园内走圈，从山坡下的高尔夫球场出发，穿过空荡的山顶马场，一路向北，止步于来公园内看熊猫的人群后，再沿着公路旁的山路走回，从早走到晚，走了一年也没想出合适的框架。而后在结束了略显无味的交流生活后，我仍旧在北京的冬夜，在被称为"公主坟"的博士宿舍小院中走圈，一圈又一圈，那些半夜两三点不睡的时刻，总盼着所想的故事能在某一个路口相汇并相联。苦难后有狂喜，似乎真的发生了。在田野资料与理论文献中不断往返，某一天，突然遇到列斐伏尔与哈维，似有种顿悟感，不愿说的写作，便变成一种逢人便说的疯狂，成为了在北京的雾霾天里，站在过街天桥旁，一连聊上近几个小时的喜悦。

但当初想着做年轻事的我，仍旧还是太年轻。在完成了结合非洲田野，以时间和空间生产问题为视角，探讨中国资本的全球化的博士论文后，却遇上了发展研究在我校所属的"管理学"学科规范这件头痛事。无奈，结构的能力就在于能让人自觉地完成某些转变，也或纠结，也或平淡，但自我审查总比想象中来的更容易，好在多少能学点阿Q，安慰自己："多受到点苦，或许能够多贴近点人类学。"

最终，拿到博士学位，有了求职的砖头，但仍立身于边缘的我，看着人类学，期盼着未来有那么一刻，它也能够回看我一眼。

边走边玩做田野

高 瑜

我要说些什么？一个好笑的人类学家。或者说，一条扭来扭去的"鲁蛇"（loser）（注：台湾用语）？好像没有什么丰功伟业可以说，想到的都是各种妙事破事荒唐事，一路走来，就这么到了今天。

我的硕士论文和博士论文做的主题完全风马牛不相干，中间甚至相隔了八年。但非常有趣的是，到最后我都成了实地的参与者，也因为这样，在做田野的过程中，一路从社会学转进人类学。念硕士的时候还在台湾，当时是台湾清大社会所的学生。清大社会所向来以自由开放的学风闻名。所内注重质性研究，也鼓励学生亲身实践进入田野，但背后更重要的是，让学生有机会"做实验"，实验田野，也实验自己。以身为度，看看自己能在田野中经历多少。

清大社会所也有个好玩的风气。大多数学生都不见得是传统定义下的"好学生"，多半是一边玩耍、插科打诨，一边在课堂上学习，如何提问、如何论辩。我永远记得研一时候，吴介民老师教社会学方法论，第一堂课对我们说的话："要学会混，但要混之有道。"意思是，该玩的时候要玩，没有人要你永远坐在课堂里。但是该尽本分的时候，一样都不能少。大抵上，在清大念书的那几年，我们就是这样成长起来的。对当时的我们来说，那是非常重要的生命教育，近乎影响了我后来的人生态度。

硕士论文误打误撞，看了电视某个灵异节目对于赶鬼的介绍，我就这么摸进了基督教教会做研究。那大概是我人生相当艰难的时段之一，完全从一个新手磨起。但也是人生最有趣的一段时光，事后回想起来都觉得不可思议。那个田野做了一年十个月，当时周遭的师长同学都担心做不出来，因为是个不好进入的田野。教会本身的属性隶属于灵恩派。一方面以圣经为依据，注重医病赶鬼，另一方面采取的是军队体制，为了对抗撒旦魔军。所有事情都强调保密，以及频繁密集的训练操演。当时身为研究生的我，可以说同时是田野新人以及教会现场的菜鸟，一路经历受洗、受训，成为小兵，每天一到教会就穿着制服走来走去踢正步，从完全搞不清楚状况到成为实习小组长，稀里糊涂地练习如何赶鬼，还有骂骂底下的组员。在那个过程中，我几乎彻底实践了从大学时代到研究所受到的教育，从扎根理论做起，不预设任何立场地进入，但是也要求自己敏感于现场发生的一切，精细地感知发生的所有事情。另一方面，我也谨记导师宋文里老师的观点，在田野现场中，要清楚地分辨说与做，因为这不见得是同一回事。或者说，说背后的"说"（speaking of speaking），才是更值得关注的，也是作为研究者真正要看到的。在田野中，由于教会性质的特殊性，我几乎做不了任何访谈，也因此，在撰写论文时，我只能依靠个人的参与观察，去描述刻画出现场，以及分析细节与行为的比对。对我来说，那是极好的自我训练过程。在不能拿出相机、不能任意进行访谈的情境中，必须全然地专心专注，记录所有的流程。也学会通过非正式的聊天，或者侧边讯息，去组织所有的资讯材料。这是质性研究的挑战之处，没有人能够清楚预期在田野中会经历什么，但这也是质性研究最迷人的地方，因为永远不知道会经历什么，也因此不断地拓展边界，在好奇心与精确度之间不断交叉比对，看到无穷无尽的细节变化与模式演绎。完成硕论、口试的那一天，我只记得清大人社院的阳光烈焰，而我近乎晕眩。他们说：你竟然做到了，那个几乎不可能的任务。

赶完了鬼之后研究所毕业。我工作了好长一段时间，才又进入博士班就读，而且意外入了北大人类学王铭铭老师的门下。如果说清大教会我的是对知识真理的探求，那么，北大则教导了我不轻言放弃的个人纪律。在北大求学期间，我大概是另一个定义下的"坏学生"，和我的导师之间不时有意见相左的时刻。但是，他永远在最重要的时候给予我最丰厚的包容，驱使我不断往前走。在学期间，我经历了一次车祸事件和分手事件，每件事情都荒谬好笑，堪称电影情节。而导师却总能及时调整对我的时程安排，推着我修完课程，推着我进田野，并且如期毕业。

博士论文写的是大理古城新住民的移居现象。这也是个误打误撞的主题。本来要写的是天主教，也认真地跟着天主堂陶神父去跑了好些教堂。最后却换了题目，写了一个现在看起来很流行的议题，从此由神圣界跨入凡俗界。对我来说，这又是另一个全新经验的展开，我本来以为我会贯彻始终地做宗教研究，没想到后头又跑票。2013 年夏天到了大理古城，开启我的另一段人生。当时住在客栈里，也可以说是半个青年旅馆。那时古城的人民路还不管制摆摊这件事，于是路上随处可见各种有趣的小东西。也因为这样，我每天就在大街上散步，这里逛那里晃，交了各种朋友蹭了各种饭，日日瞎聊天。后来决定更换题目虽然是个意外的转折，但也因为前期鬼混的基础，让我在进行访谈时推展得还算顺利。

若说硕士论文全然依靠观察所得，到了博士论文则刚好相反，大量依靠访谈材料。和硕论不同之处在于，这是一个可深可浅、可学术也可通俗的题目，它的挑战也来自这里。在我撰写初期，坦白说，我并不是太清楚要从哪里入手。虽然我能够察觉到它是有趣的现象，但是它和我原来的"宗教生活"相差太远，也是我相对陌生的领域。一开始我能写的是人的故事，到后来我才慢慢意识到，我想说的不只是人的故事，也包括对于地方的重新建构和空间转换的过程。这些移居到大理的新住民，一方面，他们经历对自我的再认知与新的诠释（包括脱离原居地、原有的生活轨道），另一方面，他们也或快或慢地在改变大理本地的地貌。而我也越来越觉得，在理解新形态的地方认同时，冲突与不和谐音是必然存在的主调。新住民所呈现的认同，并不是一开始就那么明确的，而是反反复复、自我诠释的经过。对于新住民生命历程的理解，才是研究者必须抽丝剥茧的地方，也因此，我开始关注离与返、去与留的过程，而不只是定格在大理一处。

　　只是，我从来没想到的是，写完博士论文后，最后我又留在大理工作，也成了新住民之一。一路下来，边走边玩做田野。人生的篇章永远出乎我意料。就像我的导师问过我的问题："你是你自己的研究对象，为什么不写你自己呢？"或许最后我该落笔的，是新住民的情感与社会生活，回到生活里那些细微的、幽暗的不可说之处，也回到研究里最人性的一面，阐释热情与利益、欲望与理性的当代交织。

一个"过客"的自述

袁 丁

> 世界如其所是。那些无足轻重的人，那些听任自己变得无足轻重的人，在这个世界上没有位置。
>
> ——奈保尔，《大河湾》

一、师承·视界

虽然学术自述不应该是对自己学术经历的简历式罗列，也不应该是封神榜一般历列各种"我的朋友胡适之"，但个人的研究旨趣与视界都必然是与各个阶段导师之间互动的结果，因此下文中还是要先回顾下我在不同阶段的导师们。很惭愧，我只是他们晚而未成器的学生。当然有更多的师友在我的成长过程中都提供了巨大的帮助，篇幅所限，在这里不一一列举。

高考的一次超常发挥，让我进入了东湖之滨、珞珈山下的武汉大学。第一志愿填写的是考古学，后来风靡全国的《盗墓笔记》在那时候还没有开始连载，我只是想着毕业之后或许可以靠鉴定文物来混口饭吃。没想到武大考古系当年在江苏省只招两人，我排名第三，所以就录取了第二志愿的社会学专业。

当时的我对批判社会问题没有什么兴趣，对社会学理论也觉得索然无味，社会统计更是勉强才能及格过关。反倒是朱炳祥老师的人类学概论课，让我听得津津有味。朱老师虽然看上去很严肃，但其实是一个非常浪漫主义的人。听过他的课之后，让我对田野调查充满了向往，于是在暑期实践的时候就报名参加了他的一个国家课题的田野调研，在湘西土家族苗族自治州的龙山县苗儿滩镇的捞车河村调查当地的宗族关系近一个月。初次田野，也不顾是住在村长家的猪圈边上，只觉得各种新鲜有趣，带着一双被毒虫叮咬感染的烂腿回家后，就决定应该从社会学转入人类学才是。可以说朱老师是我的人类学的启蒙者，他带给我的是一个浪漫的人类学的想象。

由于英语成绩不好，两次考研都因为英语不过线而没能留在武大继续念人类学的硕士。好在朱老师介绍我认识了云南大学的杨慧老师，在杨老师的帮助下，我得以调剂到云南大学的民族学专业。起初还不是太乐意，心想着洋气一点的人类学，没想到被调剂到了民族学，而我当时对于民族的理解也只限于"五十六朵花"。好在云大的民族学与人类学研究生课程上的都是一样的课，一个学期下来之后，才发现民族学也非常有意思。选硕导的时候，就选了有海外访学经历的沈海梅老师。我进去的那年，正是云大民族研究院刚调整成立的一年，培养方式上也有可以创新的空间。沈老师学习英国的培养方式，采用了导师组的模式。她邀请了云南省社科院的赵捷老师与杜娟老师，共同培养四位研究生。这种模式的优点在于可以让学生不限于一种视角，而可以有一种多样化地看待问题的方式。三位女老师是"三种不同风格的女权主义者",这使我虽然没有做性别议题相关的研究,但也在之后看待世界的时候,具备了强烈的性别敏感性。沈老师是历史学出身,耳濡目染,也让我意识到尽管主流人类学是做现实社会研究的,但脱离了历史背景的研究是会存在大问题的。同时,沈老师有着多次海外访学背景,这使得她在当时民研院中是最乐意于介绍西方新近人类学理论的人之一,令我们对于"权力"、"身体"、"感知"等概念也耳熟能详。

念了一段时间之后,才发觉到云大来学习民族学、人类学真是有着天然的优势。这里讲座多,老外多,项目多;每周一两场讲座,各种外国人类学家频频造访,利用各种项目的机会在云南到处短期调查,都在不停地刷新着我对民族学与人类学的认知。我在跟着做项目的过程中,接触到一些非政府组织(Non-Govermental Organizations,以下简称 NGO),觉得云南的NGO 很有意思,所以硕士论文就决定以此作为研究对象。机缘巧合,黄树民老师也在做相关主题的研究,沈老师就推荐我去当黄老师的研究助手,这样可以有一小笔收入来补贴我自己的田野调查。黄老师当时已经六十多岁,但仍坚持每年都到地处高原的丽江和中甸做田野。虽然他说是来云南避暑,但吃起糌粑,睡起硬板床,上起天然厕所来,毫不犹豫,确是后辈们学习的榜样。

硕士毕业后仍然做了一段时间黄老师的研究助手。其间有一天何明老师突然问我有没有兴趣去比利时念博士,研究中国的非洲商人群体。"非洲"两个字对于任何一个喜爱人类学的人都有着巨大的吸引力，所以没有多考虑，我就答应了，由此认识了我在比利时鲁汶大学的导师彭静莲（Ching Lin Pang）；同时也就开始了我同时念两个博士项目的神奇日子。

申请鲁汶的博士项目较为顺利，但我在申请奖学金方面遇到了一些问题：虽然当时鲁汶大学已经和国家留学基金委有合作协议，而按照国家留学基金委当时的规定，我必须要有国内的派出单位才能够获得这笔奖学金，其时我的档案资料已经从云大转出，没有派出单位，也就无法拿到奖学金。各种研究打听之后，发现最为方便的办法是立刻备考云大的博士研究生入学考试，以云大博士一年级学生的身份来申请奖学金。好在云大的入学考试较为顺利，最终让我申请到了奖学金，但后果是我需要读两个独立的博士项目。一个是云大的民族学博士项目，一个是鲁汶的人类学博士项目。更为令人头疼的是，我不能够像一些联合培养项目那样只写一篇博士论文，而是需要写两篇独立的博士研究论文；因为从彭静莲老师的欧洲人眼光来看，如果用一篇论文就能获得两个博士学位的话，那是作弊。

同时读两个博士项目的好处在于有一中一西两个风格迥异的导师，可以各采所长，不偏不倚。何明老师是一位民族学家，有着开阔的视野与全局意识，而且不迷信西方，学哲学出身的他对于西方人类学理论往往有着独到的见解，常教导我切勿盲从流行，避免浮躁。而彭静莲老师是一个人类学家，她是比利时的第 1.5 代华裔移民，熟练使用八种语言，思维极为活跃，研究兴趣也很多元。熟悉欧洲与中国文化的她对于中西间的种种文化差异也了然于心，这使得我的博士研究在试图更多地提倡中国视角的时候没有受到太大的阻碍。虽然中国的民族学与人类学界至今仍然有着种种说不清道不明的分歧，但对于我而言，则没有什么隔阂，美美与共。

师承关系决定了我在人类学与民族学探索之路上的视界：浪漫之情与社会现实，理论预设与田野经验，中国事实与西方视角，洋气人类学与本土民族学……诸种二元关系虽说不能达到完美的平衡，但也不至于有所偏颇。这也形成了我的博士研究中对于促进跨文化理解与对话的追求之心。

二、海外·田野

我在云大先用了一年的时间把博士培养计划中所有的课程都修满，同时也准备着各种出国的手续。以前并没有过出国的打算，因此也没有关心过这方面的事情，真正操办起来才发现其中种种手续的繁琐，初觉移民的跨国流动过程中存在着种种阻碍。仅就签证而言，我的户口在云南，属于比利时大使馆广州领馆管辖，所以我需要到广州提交申请；而办理签证需要的专门针对中国学生的 APS 学历认证，则需要到北京的德国 APS 中心去进行面谈；而为了拿到奖学金所需要办理的担保手续又让我必须回到江苏老家去本人办理。大半个中国跑了几圈，好不容易才把各种手续办妥。

2011 年去国抵比，开始逐渐适应欧洲的生活与节奏。多亏了彭静莲老师除了学业之外，对我在各方面所给予的帮助，她

两次为我联系到便宜的住处；她深知食物对于中国移民的社会
融入的独特作用，经常请我品尝各种欧洲美食；她还鼓励我去
参加各种可以促进融入到当地社会中的社交活动。几年下来，
我在比利时的华人社会上上下下都混了半个脸熟，甚至还有机
会和来访的国家领导人合影留念。

　　我出国的那段时间，正是国内人类学界极力倡导推动海外
民族志研究写作的阶段，北大、云大、中大都投入了不少资源
与精力来推动青年学人加入其中。我有幸也参加了 2012 年的第
一届海外民族志工作坊，虽然当时没有去申请研究资助，但也
窥见了这场潮流的概观。何明老师觉得我有地利之便，建议我
在云大的博士项目就做一做比利时的民族关系的研究。比利时
国家虽小，却是由弗拉芒人和瓦隆人两个主要民族构成；行政
上又分为弗拉芒大区、瓦隆大区和布鲁塞尔首都大区三个大区；
语言上则又分为法语区、荷语区、德语区；这几种分区把一个
小小的国家搞得支离破碎，但又运行正常，还创造了世界上最
长时间没有联邦政府又运行良好的国家的记录。这对于一个民
族学家来说，是一个很有意思的研究对象。但要深入地研究这
一问题，就意味着我必须熟悉法语、荷兰语、德语和英语。虽
然对于很多欧洲人来说这些不过是几种方言罢了，但对我还是
不小的阻碍，自觉没可能在短短一个博士期间就精通这么多语
言来做研究，于是知难而退。后来何老师觉得我有人和之便，
建议我可以做一做比利时的华人社会的研究。而当时的我觉得
这一主题是彭静莲教授长期研究的主题，我难得有自己的新意
出来，也就没有选择。

　　我在鲁汶的博士项目所研究的对象是在中国的非洲商人，他们大多聚居在广州与义乌两地。2010 年我刚开始进行预调查的时候，对这一主题的研究才刚刚兴起，研究成果还不多；但到 2013 年前后，大批的人类学家、地理学家、社会学家、媒体记者、艺术家蜂拥而至。仅我所知，在广州小北进行长期田野调查的博士生就超过十人，短期的研究人员更是来来往往。到了 2016 年，相关的研究文献更是达到了百余篇。而博士论文必须是要有新意的，如何能体现出我的新意呢？

　　好在我所研究的对象并不是一个传统人类学意义上的小型社区，而是一个跨国流动的群体。经过 2011 年的一次短期田野之后，我重新定位了自己的研究对象：首先，大多数研究都将在中国的非洲人视为一个同一性的群体，而忽略了其内部存在的语言、国别、性别的差异；我将我的研究对象定位为刚果（金）人。之所以确定为刚果（金），一方面因其是在广州的非洲人群体中数量较大的一个群体，同时由于刚果（金）历史上是比利时的殖民地，鲁汶大学对于刚果（金）有长期的研究传统与合作联系，可以为我的调查和研究提供诸多便利。其次，与大多数研究只在广州进行所不同，我的研究是一个跟随着研究对象流动的多点民族志，包括广州、义乌、北京、上海、青岛、金沙萨，这些都是我的田野调查地点。就最新近的研究成果来看，目前能兼顾到上述两点的研究仍然较少，这使我的研究依然保有一定的独特性。

　　2012 年期间我的田野还是在中国内部兜兜转转，太过熟悉的场域始终让我觉得不够味儿。终于，在 2013 年，彭静莲老师

和鲁汶大学欧洲研究中心的斯蒂芬·柯克莱勒（Stephan
Keukeleire）教授共同申请到一笔研究欧洲与中国对非洲援助的研
究项目。作为项目成员之一，我得以有经费资助前往金沙萨进行
了三个多月的田野调查。如同比利时漫画《丁丁历险记》中的丁
丁一样，我在金沙萨遭遇种种前所未想之事：上过当受过骗，赤
手斗过抢匪，睡过水泥地，去过豪华赌场，吃过毛虫，也吃过龙
虾，目睹过家庭纠纷，参加过婚礼葬礼，干过偷渡，还参观过总
统私人别墅。种种事迹无暇列举，算是过了一把文化震撼的瘾。
在金沙萨的田野调查中，我逐渐意识到在非洲的中国人群体并未
被很好地研究过，并且西方研究者由于难以接触这一相对封闭的
群体，往往对他们持有偏见，因此我就将刚果（金）的中国人群
体作为我云大博士论文的研究主题。于是，我在 2014—2015 年的
田野调查中，一方面跟踪在华的刚果人群体，一方面又跟踪在刚
果（金）的中国人群体。当时我的期望是对于这两个群体的研究
论文可以在之后形成一个比较性的研究。

三、过客·心境

民族志终究不是猎奇小说，而是需要一个漂亮的理论框架
来组织故事的。我在 2012 年的第一稿研究计划因为结构太过散
漫而被彭静莲老师否定，其后除了在田野里找灵感之外，开始
大量补读西方移民研究的各种理论文献，以熟悉各种西方移民
研究与非洲研究的理论框架。起初彭静莲老师建议我可以用

"离散"（Diaspora）的理论框架来进行组织，但我用起这个读起来都那么拗口的概念来，实在是觉得很膈应。

　　这种膈应与我所经历过的中国海外民族志浪潮关系紧密。在我看来，中国人类学界所提倡的"海外民族志"是在特定历史时期的一种情怀，是一种尝试找回文化自信与学科主体意识的需求。目前中国学者对于海外民族志的写作大致有三种模式较为常见：第一种是利用中国本土的概念和理论体系来讨论海外华人；第二种是利用西方的概念和理论体系来讨论海外华人；第三种是利用西方的概念和理论体系来讨论非中国社会。至于排列组合下来的第四种：用中国本土的概念和理论体系来讨论非中国社会，还比较鲜见。由于在云大念研究生阶段就开始接触到海外民族志研究倡议的影响，我对单纯套用一个西方移民研究中的概念体系来进行研究存在着一种下意识的抗拒。我想的是，至少得表现出一点中国特色来吧。好在彭静莲老师对我的这种想法给予足够的宽容和理解，一直支持我能够探索下去，让我最终碰到了"过客"一词。

　　"过客"一词能被我作为博士论文研究的关键词很是偶然。那是 2013 年的一个夏日，金沙萨正处于雨季。因为下雨不能出门，所以我就在林加拉语老师老 G 家中和他的儿子小 M 看电视。电视里放的是一个中国的武侠片，片子里一个老和尚正在和一个小沙弥说道，"熙熙攘攘，皆是过客"。小 M 在中国上过几年学，所以经常会问我一些中文的意思，老 G 经常喜欢学一些他觉得有意思的中文，然后时不时地在遇到中国人的时候卖弄一下，所以他有时候也会听听我的解释。这句我解释是，"你看世界上的人们天天忙忙碌碌跑来跑去的，其实最后都和你没有什么关系，都是一个来了又会离开的人。你看就像刚果河里的水葫芦一样，它们的根并不扎在土里，而只能随着河流漂来漂去。"听完我的解释，老 G 突然说道："那么我也是中国的过客了。"这让我很吃惊，惊异于他对中文概念的理解能力。对于老 G 而言，的确如此。虽然他很喜欢中国的文化，也将儿子送到中国去念书，但中国只是他的一个落脚点，一个赚取更多钱，以便前往加拿大定居的跳板；而刚果虽然是他的母国，但老 G 并不愿意永远生活在这里，时时刻刻都在想办法把儿子和自己送去其他国家。他是一个在世界上寻找自己位置的人，一个不想成为"无足轻重的人"的人，一个"过客"。

其后我将"过客"的含义不断地拓展与丰富，认为"过客"是一个用来描述在中国的非洲人与在非洲的中国人群体状态的一个非常合适的词汇。"过"字意指"从这儿到那儿，从此时到彼时"，适合用来描述这一类群体流动的时间与空间的状态。"过"字同时又包含"错误"的含义，这又暗合了非洲人群体在中国的大众媒体中所呈现出来的一些污名化的形象。而对于在刚果的中国人，他们也同样因为文化差异而受到当地人各种负面意味的想象。"客"字意指"外出或寄居、迁居外地的人"，也就是移民的意思。同时，"客"又暗含了一套"主-客关系"的内在逻辑，是讨论移民与其接受国社会关系的绝佳入口，所以这一概念又可以与 2012 年左右坎代亚（Candea）和达科尔（Da Col）等人所提倡的关于人类学对"好客性"（Hospitality）这一概念的讨论相结合。"过客"一词也充满了长期的流动性，目的地的不确定性的意味。项飚用"悬浮"的概念来描述中国内部移民的不稳定状态,我使用"过客"的概念来试图说明这种不稳定状态是在中非间移民流动中具有一种跨文化的普遍性。

除了对于使用中文概念的坚持,使用"过客"的概念还与个人的心境相关。传统意义上的人类学家总是一个独行侠的角色,对于所研究的地方社会而言,是一个外来的陌生人。这样一个他者,往往是通过自己不断的漂泊过程中所产生的洞察来总结出对地方社会的了解,这种洞察与自身的经历密不可分。开始进行博士研究时,我自己也经历了一个从定居者到不断漂泊的移民的过程。当在烦冗的比利时移民官僚体系间受到种种刁难而奔波,当在金沙萨饥饱不定每天只能吃一顿热饭,当在广州小北阴暗潮湿的出租房中与信息人同睡一张床,当在每天被抗疟疾药的副作用或被窗外的彻夜福音欢歌搞得难以入眠,当在布鲁塞尔大雪天胆囊炎发作手术后因家中无人照料而赖在病房里独自一人卧在病床上开始反思人生时,强烈的孤寂与"身世浮沉雨打萍"的漂泊感都让我觉得作为"过客"的我本人有着一种责任要将这一词语进行学术化。

四、人类学·对话

剑波老师在圆桌会议的按语中提到"我们期待与会者绝不是对自己学术经历的简单陈述,甚至自我吹捧,而是结合自己的个人研究和成长过程,思考一些具有学科普遍性的问题",那么在完成了以上对自我经历的吹捧之后，我有必要来谈一些对于一个学科普遍性问题的思考：中国学者应当进行怎样的海外民族志写作？

民族志的写作过程是一种知识生产的过程，其生产出来的知识目前表现出两种不同的导向：一种是为了回馈中国社会，"用中国的眼睛看世界"的知识生产，其预设的目标读者是中国人；另一种是为了与国际对话，"给世界看中国的特色现象"的知识生产，其预设的目标读者是外国人特别是西方学者。当然这两种导向的知识生产并无高低之分，而是写作者根据其所处环境与条件做出的合理选择。写作策略上，这两种知识生产的过程又表现为前文所述的四种海外民族志的写作模式。

尽管传统的人类学要求民族志作品中体现出他者的眼光，但在目前全球范围内的知识生产体系下，人类学知识的生产者已经不光是西方的人类学家，包括中国在内的广大南方国家的学者都在不断地生产出自己的地方性知识。在这种情况下，相较当地学者提供的地方性视角或其他长期耕耘在当地的西方学者所能够提供的解释，作为一个匆匆来去至多不过一两年的"过客"的中国学者，其所生产出来的知识中突出中国自己眼光的那部分就更加难能可贵。这就如同虽然我们对于不少海外中国研究专著嗤之以鼻，但也多多少少会承认"他山之石，可以攻玉"。这其实还是回到了一个对于人类学目的的基本讨论上，最终是为了理解还是对话？我们在强调"美人之美"的同时，也要注意到最终只有通过对话才能实现"美美与共"。

既然是对话，就还涉及一个是用何种语言的问题。尽管用汉语写作来进行国际学术交流是大多数中国学者的梦想，但在目前的国际学术分工体系中，还只能依靠英语来进行；不光对于非英语母语的中国学者、非洲学者如此，对于德国学者、荷兰学者（法语写作者可能不那么在乎）等也面临这样的问题。用英语写作不光是一个单纯的语言翻译问题，还意味着要将自己的概念与理论能够融入已有的英文为主的学术概念体系中去。

例如，我对"过客"概念的提出并没有从一个中文的语境中直接得出，而是需要在对于现有的移民研究、非洲移民研究和海外华人研究的诸多概念与理论范式中不断地进行对比，指出其与 Migration、Diaspora、Sojourner、Transient、Transmigrant、Bushfaller、Mikiliste 等诸多概念*的相关联及差异之处，将其定义为一个在广义的 Diaspora 的概念下的一个用于描述中国与非洲间短期跨国移民群体的特殊概念。在此举出这一例子并不是为了展示我自己做出了什么成绩，而是作为一个案例来供大家理解和批评我的上述观点。

我认为目前大多数的海外民族志作品在对于"用中国的眼睛去看世界"上已经做出不少的成绩了，这一点可以见郝国强（2014）的相关综述。在坚持对这一点的投入上，我们可以更多地尝试对话，不仅是和西方学者的对话，更多的是和其他南方国家的学者乃至于研究对象之间的对话。希望之后能看到更多的学人在这方面取得杰出的成就。

---

* 注：除 Migration 可被翻译为"移民"之外，其他概念都是指某一特定类型的移民群体，但大多缺乏公认的中文翻译。篇幅所限，这里不作详细解释。

我与非洲人类学

——时代、学科、平台与个人

徐 薇

按语：

对不同世界与文化的好奇与凝视需要走出去的坚定意志与勇气；

人类学者自身就是观察世界的工具与媒介，把所见所闻所思所想记录下来，呈现给人们看；

人类学家既要有双凝视远方的眼睛，又要有双敢走不同的路、陌生的路、很远的路的脚板子；

观察、体验、诠释、分享……没有比人类学更让人觉得浪漫的学问了！

关于我个人的学术经历以及为什么做非洲人类学，在我的硕士导师徐杰舜老师对我的访谈《我在非洲做人类学田野考察》中有详细的介绍和说明（该文发表在《民族论坛》，2015年第5期），此处不再赘言。从事非洲人类学研究的第七个年头，发生了一件重要的事情，就是"中国非洲人类学研究中心"在浙江师范大学非洲研究院成立了，这是国内首个区域性的人类学研究中心，其成立仪式与研讨会得到了人类学界很多前辈的鼎力支持，出席会议的有中国海外民族志研究的最早提倡者——北大高丙中教授、长期从事族群与移民研究的中山大学周大鸣教授、国家民委政策研究室李红杰副主任，以及众多在非洲有过长期田野调查经历的海内外的青年学子，可谓高朋满座，群贤毕至，让我这个中心执行主任有种莫名的感动与压力。

我时常在想，是什么让今天的非洲人类学研究受到如此重视与关注？是我徐薇的个人魅力吗？开玩笑，当然不是！我想，是时代、学科、平台与个人的相互作用。

去年11月我在北京大学参加北京论坛，主题是新时期的中非关系，会后与年过六旬的国内非洲研究大家李安山老师边走边聊，他很动情地感叹说："你们这代年轻人赶上了好时代啊，写作《南非史》的北大郑家鑫教授在退休之前从未有机会去过南非，直至退休之后老人自费参加了一个南非旅游团，才圆了自己的南非梦……"李老师的这番话，让我感受颇深，想想自己自2011年起四次赴南非调研访学近八个月，遍历南非九省，实实在在要感谢如今我所处的时代，感谢新时期中非关系发展给非洲研究者带来的动力与机遇。

陈寅恪先生在《陈垣敦煌劫余录序》中说："一时代之学术，必有其新材料与新问题。取用此材料，以研求问题，则为此时代学术之新潮流。治学之士，得预此潮流者，谓之预流。其未得预者，谓之未入流。此古今学术史之通义。非彼闭门造车之徒，所能同喻者也。"陈先生的这段话时刻让我省思什么才是新时代的新问题？怎样才能做出"预流"的学问？这些问题，在我经过人类学硕士博士六年的科班训练完成博士论文进入浙师大非洲研究院工作很长一段时间之后才渐渐明晰。事实上，这种学术上的预见性需要对国家以及世界发展大趋势有深刻的认识和感悟之后才能具备。

高丙中教授在非洲人类学研究中心成立大会上满怀豪情地说："社科院的区域研究所，我希望每个所都有我们培养的人类学博士在那里工作！也就是说，人类学自己的点的研究一定要到那个面去做区域研究。"熟悉高老师的人们会了解，他自2002年开始推动中国人类学的海外研究，至今已有15年，培养出很多优秀的海外研究人才并出版了一系列海外民族志专著。正如他所说，他开始提倡海外民族志研究时，实际上没有太多人对这个感兴趣，很多同事还善意地提醒他，你这个太超前了……然而他带着"自以为是、自得其乐"的精神与信念带领学生们坚持下来，直到中国"一带一路"倡议的提出，中国社科学界才觉得恍然有悟，压力倍增，因为长期以来，我们对海外、对他者的认知与了解实在是太少了……随着中国的崛起，中国对世界的影响日益增大，中国必须直面自己在世界中的位置与作用，那么对海外特别是一带一路沿线国家的认识与了解就是我们的刚需，也是中国人类学大发展的一个契机。从学科发展的角度看，试问如果没有西方列强对世界的殖民，会有人类学这样一门研究"他者"文化、提倡文化相对与反观自我的学科吗？当然，我并不是指中国强大了就要去殖民非洲，中国自始自终没有这样的企图，但中国对非洲还缺乏真正的了解，中国人需要学习和补课，这是国家发展交给人文社科学者的迫切问题，也是我们今天做人类学研究的使命与责任。

　　时代的洪流滚滚向前，个人的命运亦被时代所左右，问苍茫大地，谁主沉浮？每个人都是一颗渺小卑微的水滴，怎样放大自我折射出更多灿烂光辉？平台的选择，至关重要。当你有幸进入一个好的平台，你会得到更多来自平台的支撑和扶持，在这个平台上面，你尽可以发挥所能，创造你的未来，同时你也在反哺这个平台，让平台更加牢不可摧。横跨历史学与国际关系学的非洲研究院刘鸿武院长，自 2007 年创院之初就设定了从不同学科聚焦非洲发展与中非合作两大主题，他强调无论哪个学科的研究者，都需要有扎根非洲的田野调查做支撑，且在研究院设立非洲田野调查基金，鼓励师生赴非调研……刘院长最近在很多场合提出了"学科、智库、媒体三位一体融合发展"的主张，这是基于近两年非洲研究院向国家智库转型同时通过拍摄纪录片、运用新媒体的传播优势来扩大学术影响力等创新性实践所提炼出的理念与方法。由我院年轻博士张勇、和丹合作的首部中非合拍纪录片《我从非洲来》最近在央视、爱奇艺等传统、网络媒体上热播，向中非人民展示了非洲人在中国的真实生活与诉求，亦很好地传达了我们非洲研究院的治学理念与情怀。接下来，我们还将与金华电视台合作，赴东非拍摄大型人文纪录片，记录中国学者在非洲的调研之路……

　　对于我个人，此处想省略……主要还是因为我过去说得太多，感兴趣的朋友可以关注我久未更新的新浪博客"安行菜"（http：//blog. sina. com. cn/xuwei69），那里有 62 篇我在非洲的见闻感受，有些已被收录到我院去年发布的《游学非洲——浙师大非洲研究院师生十年非洲行走纪实》中。这些在我初次踏上非洲大陆时写下的文字，如今看来是那么的稚嫩粗浅，然而，这就是我在那个时期的所思所想，这些文字记录了我的成长和蜕变。文末另附我在博茨瓦纳调研叶伊人时拍摄的小片子，每次赴非做田野调查，我都会手拿一个小 DV，记录自己的所见所闻，回国后再分不同主题剪辑成片，这些记录虽算不上纪录片，却是我在那里以及对那里人们生活的真实呈现与诠释。（当初拍摄这个片子的摄像机在博茨瓦纳首都被抢劫，特此纪念！）

非洲人类学研究在我国刚刚起步，可以说起点较低，似乎比较容易出成果，但要做出能经受历史考验的研究成果不容易，需要长期对学术的关注与钻研和对现实的观察与分析。并不是说我们去非洲做了田野调查就能做出好的非洲人类学研究，西方近百年的非洲人类学研究成果汗牛充栋、浩如烟海，我们正在蹒跚学步，这种差距不是几代人的努力能填平的。然而，既然我置身于这个新的时代，还有平台做支撑，我必然要在非洲人类学这条道路上风雨兼程、砥砺前行，除了要不忘初心，还要感恩时代、学科与平台。

人类学是我的那条"鲸鱼"

顾　玚

我能够坐在这里写这一篇自述，唯一的原因，就是曾在北京大学读了三年的人类学的硕士。那是我和这门学科的唯一的因缘，在此之前，在此之后，都没有过任何瓜葛了。

那也已经是近十年前的事情了。

到了现在，你再让我重复马林诺夫斯基的理论，我也重复不出了。因此，我也不觉得这份"自述"有资格收在这系列中。不得不顶住羞耻来写这文章的理由，是李伟华老师（也是我曾经的同窗）的魔鬼催稿——我想，聊不来学术，谈不了理论，那我总可以用这磕磕碰碰的人生为读者解解闷，回答一个看似"知乎体"但又挺现实的问题吧："如果不走学术路线的话，人类学会对生活有什么改变呢？"

会有什么样的改变呢？

硬要说的话，原来总觉得自己是名校学生，所以有点孤高的秀才穷酸劲儿，后来因为硕士论文要去乡村里田野调查，处处要和人打交道，还得到处套话，因此心态不但得以"矫正"，还学会了一些见人说人话、见鬼说鬼话的本事，在日后生活中发挥了一些用处。

除此之外，好像没有什么不同。

可是总觉得又有哪里被改变了：三年的学习期间，我常常听各位师兄师姐的田野分享，跟着他们精神畅游了印度、美国、法国、泰国……也常常梦想着自己能够过着理想人类学家的生活：在陌生的丛林里，扎起帐篷，点起蜡烛，奋笔疾书一日的所见所得，偶尔抱怨下糟糕的环境和冷漠的土著。最后在一次壮烈的部落冲突中，葬身于食人族（这个罗曼蒂克的理想好像有哪里不对）。

师兄师姐的田野里，已经没有丛林，但是还有无数个"为什么"，无数个和中国社会不一样的、我们叫作"他者"的"地方性知识"。对这部分未知的探索，构成了知识上的冒险（其间还得把自己作为工具投入到这场冒险中）。

毕业后，我终于有机会投入了冒险中：去北海道工作。想着以工作为切入口，想着可以借此机会了解一直以来就挺好奇的日本文化，也算是做了一次低成本的田野。

我是这家百人小公司唯一的中国员工，感觉是像在一盒码得整整齐齐的沙丁鱼罐头里挤进来一头过于活泼的胖头鱼一样，让上司和同僚都有点头痛。

上司给我开的处方，不是语言，不是工作态度，而是"价值观"：职场新人应该如何在日本工作？公司的同事也好心地提醒我：你要这样，因为我们都是这样的哦。所以向来穿着朴素的我收的第一件公司礼物是 HONEY 的一条波点裙；第二个周末我就去把黑发染成了亚麻色；半年下来我已经可以熟练掌握上班用的淡妆技巧了。

"顾桑最近气色挺好的，恋爱了？""没有哦，只是最近换了粉底。"

好了，现在从外表到内心，我已经被完全规训成了"日本女生"，看上来总算是泯然众人了。工作时绝对不会喊累了，下了班会和同事去居酒屋喝酒抱怨；晚上回家一定会打开电视看综艺；熟悉每一个偶像团体（这个一直可以做到）；除夕要看红白，元旦要去神社求签，然后去抢特价福袋；冬天就要买一箱爱媛的橘子。不管多冷或者多热的天气都穿着裙子和长靴。

重要的是忍耐；和大家保持一致；忍耐着和大家保持着一致。

这套"拟态"逐渐成为我的一部分。

我的日本朋友——在大连留过学、汉语好到可以上"汉语桥"节目的 ASUNA 说：顾桑，你已经从内心变成日本人了，甚至比我们都还要像了。

去熟悉异文化的过程，有点像慢慢消除"游客脸"的过程：一开始因为陌生或紧张或好奇，会到处东张西望，一旦把一条路走了上百遍，就懒得再抬头多看与己无关的喧哗，不如低头玩玩手机或者听听音乐。但是如果作为一个合格的人类学家，去写异文化，就必须重新回到"游客脸"，对一切耳熟能详的事物进行他者化。

可是直到现在，把我扔在涩谷、札幌或者还是濑户内海的乡下，都不会被错认为是外国游客了（可能因为我依然会本能保持"拟态"而摆出一副对外界无所谓的面孔；也可能因为从那时候开始，我就一直保持着亚麻色的发色）。

我忘记了：一旦你沉浸在一种生活中，被其中的常识与惯习所吞噬，就不再会觉得生活是有趣的了，因为你已经不再抱有任何疑问了。所以直到现在，想写一篇日本生活的纪念文章都觉得难以动笔。

过了一年半，当我已经完全进入并且有点厌倦这种拟态生活后，家里出了变故，我因此回了国。

到了现在，我也常常在想，那个时候为什么没有选择回学校继续读书呢？

也许答案是对日本文化的好奇得以满足了，但是对中国社会还完全缺乏了解；也许答案是，博士论文太可怕了……

总之，回国后的我一头扎入中国特色社会主义社会的建设中，兜兜转转地换了两三家公司，多少了解了社会的经济运作机制，现在正在为资本的自我增值做着微不足道的贡献。

作为没能成功走上世俗意义上"成功之路"的职场前辈，回顾到这里，我应该说一句话：换太多工作并不有利于职场发展。但是如果安于当一名观察者、也并不恐惧一事无成，那尽可能丰富的人生也不是一个坏选择。

人类学对我的生活究竟有着怎样的改变呢？

传奇摄影师星野道夫在散文里曾经提到，有位东京的白领曾经对他说，想到自己在格子间分秒必争的时候，遥远的阿拉斯加有一只鲸鱼跃出了海面，就觉得生活的不可思议。对我来说，人类学和"他者"的生活就像阿拉斯加的那只鲸鱼一样，它们的存在，就在极大程度上丰富了我的世界和世界观，也刺激我保持好奇心，到处折腾。

　　我希望自己永远保持这种好奇心，不至于变成一个单调重复常识语言体系里的人。

　　同时，也希望自己不要被现实击败——当然，这得取决于现实到底有多强大了。目前来看，至少房贷还是击不垮我的嘛。

船到桥头自然直

李伟华

　　从本科到博士毕业，一直学的民族学/人类学，并不是我对这门学科会有多少文化自觉，而只是相对于别人，我有更多屈从于命运的合理性。高中一位朋友的二姐夫业余时间喜欢算命，临近高考，有一天去二姐夫家吃饭，他本是顺口问问我的八字，但经过一番推演，他时而狂喜，时而摇头叹息，一副欲言又止的样子。我心里本来就忐忑，看见他这幅模样就更慌，一定要问个究竟。他犹犹豫豫，说了四个字，前途光明，便再也不肯多说。我有点恍惚。小学时的校长也说过类似的话，那时家乡习惯发洪水，校长说我的好命概率极低，得像百年一遇的洪水那样。结果 98 年的洪水都来了，我却连县里最好的高中都考不上，一度以为是天机泄漏引发的灾难。

　　等到高考录取结束，拿到云南大学的录取通知书以后，心里多少松了一口气，毕竟混进重点本科了。所以全然不关心当时录取我的专业是排在我个人志愿最末位的民族学。为此特地又在家人的陪伴下回到爷爷坟前还愿，大姑不忘再次提醒我，你的败相（左眼天生看不见），就是因为爷爷坟头这棵树长歪了，所以会给他的长孙带来人生的磨难。不过你也要感谢它，因为你的命太好，如果你的身体不受到摧残，那你的生命不会长久。这种人与物混融的状态在我后来学习人类学之后，就更加心安理得。

跟班级同学混熟了也就发现，班上只有一个人将民族学当做第一志愿，到第二年可以转专业的时候，他跑得飞快。那时云大的民族学，命运多舛，风雨飘摇，老师们上课都带着哭腔，我们面面相觑，一副少不更事的样子。我在云大的四年，民族学专业经历了三个院系，大一称之为历史学二班，隶属于人文学院的历史系，我博士毕业后想过去读一个历史学的博士后，然后很惊喜地发现我本科学位俨然是历史学，满足了申请资格，所以至今对历史学感恩戴德。大二时民族学被别人拉着闹独立，与社会学与社会工作组成民族学与社会学学院，这一年最大的收获是得到了一件民社学院的山寨球衣，可以光明正大假公济私，在球场上左边路一路狂奔，最后把球带出底线。到了大三，轰轰烈烈的起义戛然而止，民族学重归人文学院历史系，但历史系已不是两年前的历史系，民族学倒还是那个羞涩的民族学。

专业折腾的同时，我自己也在折腾，觉得自己钱不够用，总是伙着朋友干点"投机倒把"的营生，卖新生的被子，卖贴牌生产的森海塞尔，乃至卖姑娘们的化妆品，迫于业绩的压力，竟然了解了女生洗脸的五道程序。这些经历极大锻炼了我田野调查的品格，就是遇到陌生人会无比兴奋，脸皮瞬间变厚。在田野，负责破冰的一定是我，但是到了喝酒的正式场合，我已经躺了。当机构不再折腾之后，我似乎也意识到我不是做生意的料，于是大三全班的田野调查实习结束以后，下定决心考研，并且要考北京大学。身边同伴对我的这个决定嗤之以鼻，班上总共 18 个人，我的成绩从来没有进过前十，就这成绩还想考北大，简直是自取其辱。而且自云大自上个世纪 90 年代设立人类学民族学的本科专业，就从来没人考研去过北大。大家都等着看我的笑话。但那时我的心反而很安定，从 9 月份起，与几位专业不同但是同样吊车尾然而又都打算考好学校的舍友和邻居开始奋战，文渊楼九楼一间教室弥漫着悲怆的味道。很幸运的是我们的结果都不错，让很多人惊掉下巴。

次年 3 月份，喜气洋洋去面试，那天北京灰蒙蒙一片，我从法学楼沿路一直走，看过爬满整面墙的枯藤，看过未名湖畔尚未吐翠的垂柳，我大口呼吸，眼睛自动刷刷刷地加了多重滤镜，鲜艳无比。现在想想，我是一个伤仲永的典型，小时候去舅舅家玩，大人逗趣，不停考我算术题，我嗑一颗瓜子，吐出一个答案。大伙儿鼓掌，爸爸一旁嘿嘿地笑。他们说，这小孩一定要读北大啊。读高中时数学已经烂得出奇，本科勉力进入一本之后，上数学课需要数学老师特意指定一个女同学一对一辅导。进北大已经有点超出我的想象了。

进入北大之后特别想跟着王铭铭老师读书。那会儿教室是中圈圆桌"席明纳"，贴墙四周一排椅子，我是万不敢坐到中圈去的，怯生生窝在贴墙椅子上。望着他的后脑勺，一缕缕轻烟随着烟斗的火光明灭、吐纳、弥漫。老师最厉害之处是上课每一个核心词都能迅速梳理出它的理论脉络，信手拈来一部学科史，这极对我的胃口，每次上课都心情澎湃。入学不久的一次课，依稀记得是大家读江绍原的《发须爪》，领读人和评议人说完之后，其他同学自由发言，我大咧咧举起手说道：这本书我没读过，但是从大家的发言来看……被老师劈头盖脸一顿痛骂：书都没读竟敢发言，这是何等的顽劣。饶是我以厚脸皮著称，还是迅速红透了脸，无地自容，周围同学都忍不住笑。现在自己做了老师，便也是对学生不读书便胡乱发言深恶痛绝。那堂课过后，老师吩咐罗杨叫上包括我在内的研一新生一起去吃饭，算是正式入了门。遭遇这么一个当头棒喝，我之后自是闷头看书，一路战战兢兢，汗不敢出。内心惶恐的局面到我负责"人类学评论网"之后才得到极大的缓解。受到中国社会文化人类学评论网的刺激，王老师一直想建设一个聚合人类学的学术交流分享平台，之前数年做过数版，但是都不令人满意。他看我性子顽劣，像是在蓝翔技校练过一样，便问我是否可以一试。我撸起袖子，通过朋友找了一个在四线城市做网页开发的程序员，刷刷刷一个礼拜就做出来了。页面清爽简洁，封面是程序员网上随便找的一些抽象符号，但是一经整合，影影绰绰，极富人类学意味。那会儿人类学聚合站点奇少，人类学评论网融合网站学术文章与论坛学术八卦的设定迅速吸引了以北京为主的人类学及相关专业学生，论坛几次诸如"人类学者经典语录"及"人类学者星座猜想"等大八卦激起了很多讨论，隐隐然一派生机勃勃的虚假景象。网站技术维护的人设并没有阻拦我唤醒热爱阅读与无脑讨论的学术热情，受益匪浅。几年后在云大工作，怂恿何明老师组建"人类学之滇"微信公众号运营团队，其实大概或许可能跟这段经历有关。用现在流行的话来说，那时便颇具一个产品经理的潜质了。

　　硕士两年后符合硕博连读条件，蒙王铭铭和周云两位老师成全，我跟周云老师读博，去做她在社会学系的开山大弟子，同时免去了写硕士论文的烦恼。周老师极其开明，允许我自行选题，我左思右想，觉得去缅甸做玉石贸易的研究比较靠谱。选这个方向有几大考虑，其一，那会儿跟着师兄师姐读书，读了《物的社会生命》，接下来还读《树的社会生命》。我心想这就是我的本命了，我不正是那一棵歪脖子树嘛！因为这个原因，我对于物与人的生命交融以及社会摹仿极其痴迷，特别想做一个物的研究，而且舒瑜师姐的《微盐大义》已经出版，颇受好评，这也进一步刺激了后学者的努力。翡翠这一行当有句行话叫作"赌石"，意指通过观察一块翡翠矿山的原料的种、底、色等来判断里面蕴含的经济价值。这里面有很大的运气成分，"一刀穷一刀富"，坊间流传着很多这种宿命论的说法，有人走投无路了，然后切下家里栓马桩的石墩，发现里面是满翠，立马翻身；也有人势头正劲，拼上全部家当买下一块宝料，结果输得内裤都不剩。自明末清初，一代又一代冒险家进入这个行业，成为极少数成功者的垫脚石。但是这些话语其实大多源自于汉语文献，而几乎全部翡翠矿石出产自现在缅甸克钦邦一个叫作帕敢的地方，那里是景颇族，也就是学界更熟悉的克钦人世代居住的地方。考察中缅之间的翡翠贸易，如果忽略克钦人的社会情景以及行为逻辑是完全不可能的。我打算从克钦人身上入手。其二，列维-斯特劳斯、埃文斯·普里查德和埃德蒙·利奇排在我喜欢的人类学家前三，前二者的田野在我读博的时代没办法企及，但是重新进入利奇的田野还是完全有可能的，这是一个粉丝非常朴素的想法，但是人类学的再研究向来也不失其理论探讨意义，当然这里就不详细展开。其三，云南大学人类学系创系主任王筑生老师也做的景颇/克钦研究，后来段颖、张文义尝试做，段颖当然涉足不多，文义的硕博论文都是关于景颇研究，但他两个阶段的角度完全不一样。我当然还可以从更多角度来认识理解景颇。我个人很享受这种隐性的学术延续。最后，人类学中的"他者"固然是一个情境性非常强的概念，但在民族国家的讨论框架内，这个"他者"理应是中国之外的世界。身边的老师王铭铭、高丙中等做过论述，陈波、龚浩群、罗杨等不少北大前辈也已通过不同的渠道践行着。我关注克钦，当然也是在可操作性上，它最大限度符合了我心目中对人类学他者的理解。

想想啊，当一个选题能够同时满足生命体验、个人癖好、学理关怀、时代热点，还有什么理由可以放弃，简直是欲罢不能。

那会儿是 2011 年上半年，虽然隐约觉得我很容易找到克钦朋友带我进入田野现场，但那时我其实是一个克钦人都不认识的。在北京像无头苍蝇毫无头绪，于是跑回云南寻找救命稻草。我联系多年的好友龙成鹏，早些年跟他一起在贵州做田野，结果他被我蛊惑去云南工作，现在可以蹭吃蹭住。他那天无事跑去人类学博物馆，我只好去博物馆找他，遇见谭乐水老师。我就跟他说我在寻找景颇人（那段时间我几乎见人就说），能够帮助我实现为期一年的翡翠贸易田野调查计划。那会儿他刚完成《景颇族》的纪录片，听完我混乱的讲述，嘴巴里立马就蹦出一个人，敢谟大哥。说他是个景颇族玉石大老板，且极其热爱景颇文化。他马上打电话联系，简单交代几句，我要了大哥的电话，也顾不上在龙成鹏那里睡一晚，买了长途大巴票连夜赶去瑞丽。第二天早上十点就出现在大哥面前。第一次见面场面尴尬，顺着他的电话导航，我进入了瑞丽一家酒店的一个房间，一个浓密络腮胡的中年男子半躺着在床上，用景颇语叽里咕噜讲着电话，露出白花花油鼓鼓的上半身，那便是他了。事实证明，他的确是一个极其出色的田野引路人，尽管瑞丽只是一个边地小城，但因为翡翠贸易的缘故，它事实上成了克钦人的世界中心，而大哥则是这个中心的核心成员。这么一个重要人物就这么敷衍了事地发掘出来，当时的我是完全没意识到的。

回北京后迅速查找材料，与众位师友饭聊，构想了一份"疯狂的石头——对翡翠贸易的一项历史人类学考察"的开题报告，还嗫瑟地用一首七律形成未来的论文主目录，被老师和兄弟姐妹善意地嘲笑。

暑假我马不停蹄参加了一系列多学科交叉的短期研习营，想为接下来一年的田野调查高效充电，包括参加在内蒙古社科院社会学所举办的绿色研习营、北京北大哲学系主办的通识教育讲习班、成都中研院与川大合办的巴蜀文化营和广州中山大学的"海与中国及周边社会"，想着自己要做西南边疆与东南亚，又见缝插针去了东北的丹东。天南地北走下来，电没充上，钱花完了。北大看起来有钱，但是申请审核也复杂繁琐，并没有能快速资助学生做调查的钱。11月份跌跌撞撞通过了开题报告之后，我怀揣着五百块钱路费就上路了。

五百块钱一直没用上。我风尘仆仆地赶到瑞丽，去跟大哥进行第二次会面。还是在那个宾馆的标间，他躺在床上，看着高过我的登山包，指着另外那张床对我说："你就在那儿住下吧。"从此我就开始了混吃混喝的生涯。他也还是会给我任务。当时克钦独立军与缅甸政府军全面开战，小规模战斗多点开花。吃了晚饭，到了晚上八点，敢谟就不停打电话或者接电话，拿起纸笔记录下来一连串数字与地名。放下电话就说，来，我口述你来写，于是我就草拟好战况信息，由他字字审核，然后发布在他自己的网站。景颇文和中文的语法存在不小的差异，大哥中文说得很溜，但是写作无比困难，每天几百字要跟他讨论好几个小时才能勉强达成一致。

　　我是打定主意在田野至少待上一年的，听很多过来人说过时间长了容易懈怠，所以给自己立了很多目标，每天记笔记是一定要的，还提醒自己在醒来的每一个小时都拍一张照片，以后可以用照片来还原自己的时间线，一个月之内做得还不错，一个月之后兴味索然，不是我不想拍，而是突然发现景致静止得可怕，镜头总是瑞丽某个宾馆某个房间某处古老斑驳的墙壁。沮丧。白吃白喝的代价就是人不太自由，虽然每天工作时间可能就是晚上的四五个小时，但是白天得随时陪着大哥。他有应酬还好，坐着车四处逛，见着从四面八方来瑞丽的克钦人、富人、贵人、政客以及他们身边有着时而迷离时而坚定眼神的年轻人，形形色色。我憧憬着突然某一天就随着大哥和他的大哥以及朋友们浩浩荡荡地进入缅甸，进入克钦邦，进入帕敢。立志于考察翡翠贸易，连帕敢都没去过怎么都说不过去嘛。然而现实面对的就是墙壁。沮丧透了。好在这给我大把的时间学习景颇语，把戴庆厦老师那本《景颇语教程》翻来覆去地看。另外我发现了一个重要的事实，如果你想学小语种，最重要的阅读材料便是该语种的圣经，一来有天然的汉英三语对照，二来每种语言圣经的翻译质量都经得起考验。

这时候我开始跟大哥身边的小大哥们熟起来，其中一个叫浪进阿则，对我说只跟着大哥写写文字简直是大材小用，他向大哥申请带我执行另外一项任务。那时大量难民滞留在中缅边境，需要各个方面的帮助，小大哥四处募集物资，开始带着我在中缅边境的难民营来回穿梭。小大哥潇洒豪迈，是一个前村委主任，当时的官职则是乡人大主任。一个北大的博士生专门帮他拍照，记录每一个光辉的时刻，小大哥觉得很有面子，对我无比之好。他开着公元 1993 年生产的三菱帕捷罗在乡级公路上一路狂飙。一个 60 度急转弯，接着又一个 60 度急转弯，这个时候他还得空把手伸进 V 领毛衣掏出手机接电话，铃声也听得烂熟，第一句是"整个世界都知道我爱上了你"。公路两旁的树木嗖嗖地往后退，偶尔有树枝扫到车玻璃上。有一次真是疯狂，他醉驾十公里，车子数次趋向于滑入公路的某一侧，我坐在副驾驶位置上，魂飞魄散，还要强作镇定。最后以车子停在瑞丽城的道路中间结束。小大哥那年春节过后带着嫂夫人去青岛旅游，一天天未亮起床去上厕所，轰的一声倒下去，脑溢血突发，再也没有醒来。我无比痛心也无比怀念。我怯弱的灵魂慢慢变得坚强，都是受这些豪情万丈挥斥方遒的众位大哥影响。

随着战事吃紧，帕敢之行更加遥遥无期。边境穿梭所见大量的克钦难民营与枪炮的轰隆声刺激了我是否要更换选题。胆量已经练得很大，我只需要思考的是如何理性地思考。要抛弃一个比较成熟的选题更换方向，对于财务状况捉襟见肘的博士来说不是一件容易的事。这时缅甸某处难民营的负责人恰好向大哥求助，看能否找到一个人愿意去难民营教孩子们中文，大哥说要不你去？我想想一拍即合啊，虽然还没想清楚怎样进行难民营与战争的论文写作，但是与难民同吃同住同劳动，而且还能帮到他们一点，对于我的好奇心来说是暴风诱惑。另外就是这并没有离开我钟意的克钦研究，只是角度更新了。我二话不说就答应下来。大哥说你先去待待看看，一个月后待不住我接你回来。

然后就待了半年，直到那个难民营消失不见。下去的第一天，难民营管理委员会极其欢迎，一位牧师马上赐了我一个克钦名，MwihpuGam Htoi，Mwihpu 对应景颇语姓氏的李姓，Gam 指家庭中排行老大，Htoi 是发光的意思，因为他手上当时正在阅读创制景颇文的牧师欧拉汉森的传记，里面形容他是光，顺口就让我的名字也带光。所以直译过来就是"李大光"，比我原来的名字好听。我心想一下来就跟大人物关联在一起了，心情无比激动。上课很用心，嫌一般对外汉语的教材不接地气，就尝试着自己来编，每天声嘶力竭，最多的时候两百个学生一起上，小到 6 岁，大到 18 岁。看着他们兴奋又惊慌的眼神，感觉自己像李阳。有了这个老师身份，我做调查也比较顺利，处处都有人帮忙，获取资料的丰富性和有效性最主要取决于我的景颇语水平。地方政府当时并不愿意有外面的人进入难民营，并且随时巡查，抓到了比较危险，难民营的朋友们得随时带着我四处躲藏，从情感上也很轻易地接受了我。缅北克钦人原本居住分散，一个村落通常只有几户四五十个人，不管是缅甸政府，还是克钦独立组织，对他们的管理都极其松散，正如斯科特所说的管理成本过高。当大家从战事爆发地区集中到难民营时，变成几千人的大社区，给他们的管理带来了极大的冲击。克钦独立组织联合他们庞大且深入基层的教会系统（缅甸克钦人95%以上信仰基督教或者天主教），从教育、卫生、文化等方面对难民进行民族主义启蒙。我后来将难民营称之为民族主义的"温床"。将难民营与民族主义，以及边疆阻隔与交换的特点结合起来，便成了我之后不成熟博士论文的重点。

　　毕业之后我只想在北京和云南寻找机会，来云大面试时何明老师说了一句话，我们的孩子长大了。这句话对于缺爱的我来说有点致命，就决定回来。工作之后我去问二姐夫，现在过去这么久，你能告诉我当初为什么阴晴不定呢。二姐夫看我良久，说道，前途光明不假，但是你不能呆在西南方。意思是说，回云南工作你就别期待什么了。我心里窃笑，算命可以知识输出的时代，方位观念也应该更新嘛，从全球视野下看云南，云南可不是西南方。云大这个平台也能极大促进我所关心的缅甸研究以及关于宏仁的影像记录，这两块一直是它的强项。当我试图把宏仁和克钦的研究结合起来时，我基本确定了我自己的学术取向，那便是关于冲突与融合的政治人类学。换句话说就是看热闹不嫌事大。这其实也是深受利奇与格拉克曼以及之后所谓曼城学派的影响，未来还会继续探索。

温　度__

遍历甘孜莲花十八峰

郑少雄

　　我从 2006 年开始到北京大学读社会人类学博士。我博士的研究在四川甘孜藏族自治州，来到这个地方确实是有点意外，那是因为我的导师王铭铭教授当时正在主持一个"藏彝走廊"的课题，在这一块开展研究，但实际上很是符合我的胃口，为什么呢？我是福建人，又在广东生活过多年。那么我对西北、西南，也就是拉铁摩尔所说的亚洲内陆边疆有一个天生的喜好，所谓的他者嘛。那么我就去到了甘孜。一开始并没有打算在康定做研究，当时找到一个文化具有相当差异性的地方叫作扎巴地区（在道孚县和雅江县之间），这个地方很奇特，也有泸沽湖地区那样的母系制家庭现象，婚姻和性的形式很独特，还有一些比如臭猪肉、高碉这样的文化事项。我到了这里以后，却觉得对我而言没有什么吸引力。因为我去之前正好又看了一遍阿来的《尘埃落定》，《尘埃落定》很深刻地启发了我。顺便说一句，近年来我重新阅读阿来之后，发现这些作家很大程度上塑造了外界对藏区的理解，我觉得人类学者应该有义务也有能力去跟关注公共事务的知识分子进行一些对话。最近我看到阿来的一个访谈，他提到，我们在塑造一个文化的时候，我们都是在塑造这个文化跟世界的关系。这句话我当时没看到，但是我的确意识到，他塑造的这些土司们，这个嘉绒藏区，的确是在讨论和世界的关系。他说到土司，虽然这些土司们在这里互相征战，但是他们内心有个跟西藏、跟中原保持复杂互动关系的愿望和实践。这不知不觉影响了我，后来我就放弃了扎巴，去到了康定，做了一个关于明正土司的研究。这是一个关于康区东部的市镇里的研究。在研究中我不仅仅是在关注这个地方，我是在关注表现在这个区域里的边疆民族与中原的关系。王铭铭老师这些年针对"藏彝走廊"发表了一些重要的著作，他的关系主义民族学、文化复合性、中间圈、人生史等理论概念对我的影响很大，在我的研究中显然也有明显的体现。从方法上说，为了更全面地了解康巴地区的状况，我这两年下决心要把社区研究和流动观察结合起来，把甘孜州的十八个县都走遍了，我很骄傲于这样的选择，生活在大城市里的人恐怕不大好想象，从巴塘到得荣、从白玉到德格，雨季金沙江边的小路有多么凶险。甘孜是块佛土，十八个县就是莲花十八峰。

我在社会学所的有些同仁，他们的研究可能也会涉及边疆地区，有时候喜欢找我搭档。很大程度上，他们主要是关心边疆少数民族地区的现代化进程。但是边疆对整个中国的意义何在？边疆的逻辑、机制和愿望究竟为何？他们未必很关心。所以我就意识到我们要理解中国，一定要理解中国本部（China proper）跟边疆的关系。中国本部跟边疆的关系可以有多重途径，一个就是所谓一体化的这么一个进程；另一个大概就是不同区域分得比较清楚些。我觉得这两者都不够，我们应该有第三条进路。至于这第三条进路是什么，我先举个例子。

　　我今年去到康定西南部的一个村子的时候，那里的工作组领导连连摆手，他们说你们没有跟我们市委打过招呼，搞得很被动，后来院科研局给市委传真介绍信才算了事。我近几年都没有跟康定市打交道，因为我对这个村太熟了，年年我都是下飞机直接进村，因为机场和村庄都在折多山西面，进城反而麻烦。一直以来，像阿来所讨论过的，这块地区向西跟西藏、尼泊尔和印度，向东和汉地之间的二元的这种关系，其实今天同样没有断。但是今天要去的话，就会面临许多障碍。不仅仅是去印度、尼泊尔，就是去拉萨也很麻烦。就像前段时间，我去巴塘县，听说巴塘的人如果想去朝拜云南的梅里雪山，从巴塘直接下去德钦路非常难走，他们就要渡过金沙江，从芒康那里走比较顺当些。但是过了金沙江到了西藏的地界，他们就进不去了，因为你没有进藏的证件。那么老百姓只往西边那头跑吗？当然不是。我常年居住的寺庙，几十个喇嘛，我大都很熟悉。他们毕生的愿望同样包括要来汉地朝拜。往东边来，首先要去的是四川的峨眉山和云南的鸡足山，分别是普贤菩萨和迦叶的道场，下一步就是五台山，文殊菩萨的道场，再下一步去普陀山，观音菩萨的道场。九华山对藏传佛教的人吸引力好像没那么大。这几个地方背后，还隐藏着一些更深刻的背景。去峨眉山必定意味着同时去省会成都，去五台山一定同时去首都北京，去普陀山一定去最大的经济中心上海。对普通喇嘛来说，去完这些地方，大概人生就没什么太大遗憾了。大家想想，去到这几个大城市对普通藏族人的心理冲击，与印度、尼泊尔对他们产生的吸引力，孰轻孰重？这是不言自明的。那么其实现在对西南边疆的政策，它就没有考虑到这个历史以来的二元性的存在。对这个二元性究竟应该如何去处理，它其实是没有正确地去面对。

我一直在设想一些，关于边疆的第三条进路的问题，在承认这个二元性的基础上，可以包括两个方面：第一，在确立政治统一的基础上，内地和边疆地区之间应该建立一种中介的关系。我们如果通过中介的方式来处理，既可以避免彻底一体化带来的反弹，也可以排除分离主义的隐忧。在我的康定的研究里头，比如说像锅庄制度、土司制度，很多历史上的机制，它们其实上都是在处理这个问题。我最近一年都在讨论阿来，他写的长篇小说其实很少，总共只有三四本。但是我意外地发现，在阿来的思考里。虽然他自己可能都没有意识到，但他在书里涉及了这点。也是关于内地和边疆，包括跟西藏关系的时候，它其实应该有一个中介的关系，有一个缓冲地带的存在。第二，从纵向来说，也就是整个大一统国家和地方的关系来看，可以有一个对立涵盖（the encompassing of the contrary）的理解框架。从理论上我很喜欢结构主义，但是，这个结构主义又不是列维-斯特劳斯意义上的结构主义，我比较喜欢路易·杜蒙，就是那个《阶序人》，它讨论的是印度的卡斯特体系，提出了一种对立涵盖的概念。我经常思考，我们在讨论国家跟边疆关系的时候，其实都隐含了这么一个判断：当我们说中国的时候，实际上包括了中国跟边疆，后面的这个中国其实是中国本部。中国本部加上边疆就等于一个更大的中国。这个框架在任何地方都是层层复制的。包括在四川，也就是在历史上，我们谈四川的时候，实际上是四川加上川边，这后一个四川指的是四川腹地。当我们说康定的时候，指的是康定加上关外，这后一个康定往往指的是康定城（历史上的打箭炉）。我觉得路易·杜蒙的框架对我理解边疆，理解边疆族群和主体族群之间的关系有它特别的意义。我的内心一直在追随这第三条进路的两个面向在讨论。我希望在这个整体的框架上，我们人类学者能够去思考这样的一些问题，也能回应一些民族社会学、政治学，包括美国人的新清史的一些讨论，也许我们能够走出一些路子来。让它不一样，哪怕会被不断地争论。但至少我们提到一种新的可能。

最后，我想说作为一个人类学者，我们会一起面对一些学科的公共话题。我最近也写过一些报纸杂志的书评，比如一篇关于阎云翔的书评，后来我的一些朋友们就批评我说，我的思考很"人类学不正确"（当然这个词不是他们的原话）。我就在想什么叫作人类学不正确？比如说中医，刚才引言里说我们要直面科学主义的挑战，我完全同意。可是我觉得在当下我们中国的人类学者群体里面，如果我本身是一个"中医黑"，肯定是人类学不正确。但我个人认为，如果我们把中医看成一个文化现象、一个理论体系、一个社会事实，当成理解中国的一个对象的话，我觉得很好；可是如果我们这些人类学者，本身都变成了"中医粉"且不允许"中医黑"存在的话，我觉得并不好。阎云翔曾经说过道德滑坡的事，他其实一直在批判这个事情，然后很多人说你这个批判太牵强了，阎云翔现在也部分改变了他的想法。我觉得不管你用多么文化多元的视角来讨论这个问题，道德滑坡其实是一直存在的。我们如果勇敢地面对这个时代的话，就不要太坚持什么人类学正确。我觉得学者要有真诚、理性的判断。

我在矿山做田野，但不是研究矿山

代启福

　　我的博士论文做的是四川凉山彝区矿产与美国 Yakama 印第安人的森林开发研究。我的父亲和弟弟都是矿工，为了更好地理解我的父亲和弟弟，我博士论文的一部分就做了矿工研究。我想通过矿工的例子，讨论一点中国少数民族地区的工业化问题。现在因工作的缘故，我主要在四川凉山、贵州毕节和云南昭通等乌蒙山片区和金沙江沿岸的矿区做田野，我想看看在西南地区的矿产资源开发中是否可以列出一种社会类型来研究。有点类似于魏特夫提到的水利社会和格尔茨谈到的水利会社。我把它叫作"矿山社会"。矿山社会其实把人与人、人与地、人与祖先和鬼神的关系根植并活跃于流动的政治、经济和文化的情境中，使我们看到了一种"被生产的社会"。与水利社会不同，它不完全地滋养地方，它的生产是超地方的，人员构成也是超地方的。把矿山当作一个社会类型来研究，它有助于我们打破先验的地域成见和民族疆界，让我们在工业化和市场化的进程中，重新去理解矿工对自然与自身族群身份的认知差异，以及这些差异是如何在资源开发的过程中被分割和生成的？甚至在资源的开发过程中，双方为了彼此的丰产，又是如何达成妥协的？对这些问题的讨论，可以让我们看到"乡土中国"的多样性和现代性的局限。

围绕上面的思考，我写过几篇关于资源人类学的文章。其中一篇梳理了矿工"坏情感"和"退步情绪"的表达，以此来讨论情感的集体性和现代性的脆弱性的问题。另外一篇是关于偷矿的研究。我想与偷的族群观、弱者武器和差序格局等方面的讨论进行对话，最后回到一个"物的属性"的讨论。过去我们讨论物的权属或者产权时，常常带有一种预设，特别强调物的占有、权属都属于自然人和法人，而忽视了其实物恰恰不是以人为主体或者以法律人为主体的，它属于鬼神，属于祖先的讨论。2008 年，我在参与水电移民调查时，经常听到一些老百姓常用一些非常日常的语来表达"物权"。我听到最多的一句话是："这个地方是我们祖祖辈辈的。"在矿山，当地人也用祖祖辈辈去界定物的权属。只不过，这种产权观念是一种体认的产权观，它是有机的，包括族群记忆、神话传统、居住体验等内容。像马林诺夫斯基讲的一种神话宪章。人们通过神话来界定产权。其实，我想说，当地人的"产权"的概念里面包含了人与非人，物与非物的知识体系。我最近在写一篇讨论矿产资源开发与性别禁忌的文章。简单地说就是讨论矿山对生理期女性的拒绝与利用。人类学界，有关女性月经污染力的讨论比较多，弗雷泽的《金枝》和道格拉斯《洁净与危险》都有相关涉及。不过他们的讨论更多聚焦于女性的洁与不洁的问题，忽视了月经具有的生产性和社会性。在我研究的区域，矿山性别禁忌的背后暗藏着一整套的权力运作和族群关系。比如哪些人可以进入矿山，哪些人不可以进，其背后是一套族群和阶级的话语，但实践却是通过女性的生理来表达的。性别禁忌与政治经济是勾连在一起的。这个完成后，我会关注矿区的宗教信仰、社会组织和职业病的研究，尤其是尘肺病和氟中毒方面的研究。

上面提到的研究都比较散，且关注的问题都局限于当代，缺乏一种历史的维度和全球化的视野。所以我打算拓展如下两方面的研究：一方面是民国时期的地质考察。主要以重庆北碚西部科学院地质所为中心。这个单位当时聚集了一帮知识分子在西部少数民族地区做自然资源考察，包括常隆庆、黄汲清等。他们在翁文灏、李四光等人的指导下，开展地质学、探矿、探石油方面的研究。当初因为抗日战争的需求，地质的考察其实是在思考中国民族建设的问题。不过，当时地质学家们的思考路径与费孝通先生从"土"与梁漱溟等人从"人"开展乡村社会建设不同。地质学家常隆庆很好地把土和人结合起来思考西南边疆开发与中华民族建构的问题。他最出名的研究是《雷马峨屏调查记》。在这个调查记里，他对四川凉山的彝人、彝务和彝区开发做了深入考察，为后来林耀华先生开展《凉山夷家》奠定了一定的基础。我想通过民国时期地质考察研究，去思考共和国时期的工业化建设与中国少数民族主体性问题。

另一方面是关于西南民企东南亚投资的调查。我想在"一带一路"战略背景下，思考中国如何重新影响世界。我目前正在和一家在老挝乌多姆赛省进行海外投资的民企合作，我们在开展一些替代种植、中老铁路和边境贸易的研究。这些研究才刚刚开始，期待未来能出一些成果。

　　张亦农老师特别谈到如何认识中国的问题，对此我深有感触。我自己也存在这个焦虑：人类学应该怎么去认识中国？怎么去研究中国的问题，讲好中国故事？中国是在世界之内，还是在世界之外，她是历史的，还是结构的？在坐的各位老师是否会有一种感觉，就是我们每个老师坐在这里讲，我们都讲我们的个案，讲我们田野里的故事。每个人都讲，每个人的研究都不一样，好像听起来都很棒，但我们却缺乏一种共同点，找不到一种知识重叠，我们看到的只有差异。问题到底在哪里呢？我在想是不是我们的研究之间缺乏一个中国关怀。我们只看问题的内部，而忽视了它也是一个中国问题。当然有很多问题，其实是超过"中国框架"的，应该有一个全球化的视角，提出一些具有全球意识的中国问题研究。这样便可以减少陷入单边叙事的陷阱。我在凉山的调查经历，可以做一点分享。大概在凉山，你去问一些彝族老百姓有关民族的问题。他会告诉你，世界上只有三个民族，一个是彝族，第二个是藏族，第三个就是汉族。他把藏族以外的少数民族，都称为汉族。所以我们在写凉山彝人的时候，一定要有一个藏族的视角，还要有一个汉族的视角。所以我在想要讲好一个少数民族的故事，讲好一个中国的故事。不能单单讲一民族或一个单元的故事，应该把整体的故事呈现出来。

　　所以，我提出一种"矿山社会"研究框架，就是想打破社区和社会-文化区域研究所存在的局限。把人与人、人与鬼神、人与自然之间的互动连接起来，而不是仅仅把人与地固定地进行讨论。实际上，通过这些年的矿山研究，不仅让我更加理解了我的父亲和弟弟，也让我稍微读懂了那些成千上万常年弓背、工作在暗无天日，与我父亲和弟弟具有同样命运，而具有不同经历的井下矿工，他们的故事还在继续……

学术自述

刘 琪

　　我刚才听在座各位的陈述，很多人都有跨学科的背景，可以把之前所学的学科知识融入到人类学的研究之中。我觉得这是很大的优势，但我自己没有这样的背景。我本科在北京大学读社会学，硕博阶段在北京大学读人类学，学科背景比较单一。可以说我是所谓的"科班出身"，优势在于基础相对扎实，劣势在于我没办法进行跨学科的思考，视野会相对比较狭窄。这是我对自己学术经历的一个反思。

　　算起来，我从2007年开始读人类学博士，到今年刚好十年。这十年间，我的学术研究大致可以分为两块，一块是关于基督教的研究，这是比较早期的；这几年主要关注民族问题。或许是机缘巧合吧，我发现我做过的研究都有一个共同的特点，就是跟我们头脑中的概念对不上号，宗教不像宗教，民族不像民族。这给我带来了极大的困惑，这种困惑一直持续到今天。

　　比如，大概2004年底的时候，我开始研究北京的一个民工教会。我发现他们所信仰的基督教，跟我们通常想象的基督教有很大区别，从直观上看，他们认为"耶稣基督"就是比他们以前信仰的神魔鬼怪更加灵验的神灵。但作为一个人类学家，我又觉得不能简单地理解为，他们把传统对民间宗教的信仰移植到了基督教之上。通过两三年的研究，我认为，这是他们在新的城市环境中，结合自己的传统经历与现实处境，对基督教进行的一种"地方性阐释"，而经过改造与重新阐释后的基督教，也为他们的日常生活提供了重要支撑。

2007 年，我第一次来到了云南省的迪庆地区，后来，这里成为了我非常重要的田野点，在某种意义上，也塑造了今天的我。这个地方的总体特征就是混杂，或者说混融。从古至今，这里便是一个多民族、多宗教、多文化融汇之地，各民族在长期的共同生活中，形成了具有地方特色的，民族之间"和平共处"的秩序与规则。在我的田野调查中，我经常为这些极富创造力的规则所惊叹，也再一次深深感受到，他们对于宗教、民族等概念的理解，与通常的意义有所不同。关于迪庆地区的情况，我已经写过不少文章来介绍，最近想把之前的思考再总结一下，希望能够形成更有分量的东西。

无论是对于基督教的研究，还是对于迪庆地区的研究，都给我带来了身份认同上的危机。别人说我是做宗教研究的，我觉得好像不对，因为我所接触的宗教并不是那么制度化、那么具有神圣感的宗教；说我是做民族研究的，好像也不对，因为民族研究大多是按照族别划分的，我又说不清楚自己研究的到底是哪个族；之前还有人说我是藏学家，这我就更不敢说了，因为我根本不会藏语，只会几句迪庆地方上的口头土话。于是我经常不知道该怎么向别人介绍我自己。我跟别人讲迪庆地区的故事，也有很多人会质疑，说你这个地方太特殊了，不具有典型意义，我就又没话可说了。当然，我可以用格尔茨的那一套东西去反驳他，说我不是在研究村落，而是在村落中做研究，但我究竟有什么更宏大的关怀，我自己也说不清。好像到目前为止，我只是在诚实地呈现我所看到的东西，那些与官方话语不同，也与我们通常理解有距离的地方事实。

举一个例子，可能能让在座的各位更加明白我的意思。比如，我在迪庆州德钦县的县城升平镇，遇到了一个自称为"藏回"的群体。他们的祖上是雍正年间从内地迁到升平镇来的回民，经过百余年来与当地人的融合，生活习惯与信仰都已经发生了很大的变化。现在，回藏通婚已经是普遍的现象，如果一家人里面有回民，那么，在家户内部便不吃猪肉，除此之外，他们可能和当地藏族一样说藏话、穿藏装，甚至像藏族人一样去转白塔、转神山、烧香拜佛。他们中间的大多数已经不再去清真寺参加日常礼拜，但逢伊斯兰三大节日的时候，还会一起聚在清真寺庆祝，而他们的藏族亲戚也会乐意前去帮忙。在伊斯兰"斋月"期间，他们自己遵守不了把斋的规定，但会争先恐后地请从外地来到升平镇，能够持斋的"阿訇"们吃开斋饭，因为这些人"帮他们守了斋"。可以看到，无论从民族身份还是宗教信仰上来看，他们都无法被划定在某个特定的范畴里面，所谓"藏回"，意思是"半藏半回"，或者说"内回外藏"，这种切实、鲜活的生活经验，很难用简单的理论术语来概括。格尔茨讲"阐释之上的理解"，我自认自己目前还达不到这个程度，只能是忠实地将我田野中看到的事实记录下来，然后讲述给更多的人听。

从海外踏上认识中国社会之路

杨春宇

  我于 1994 年考上中国人民大学的人口学专业，后来调配到社会学专业，我一直很庆幸这一变动，让我有机会从本科就浸润到社会学和人类学的氛围中。硕士阶段，我师从胡鸿保老师攻读人类学，博士则是毕业于北京大学的高丙中老师门下，反正没离开过社会学系。大概正因为如此，我对自己的定位，始终是个"在人类学里做社会学的"，或者是"在社会学里做人类学的"，二者对我而言没区别。

  我关心的问题，带有求学时代的印记，即社会学或人类学的中国化。而具体的研究领域，包括海外民族志、宗教人类学和民间社团研究三个方面，则是源自个人的求学经历和学术兴趣。博士阶段，高丙中教授正在推动中国人类学者走出国门开展研究，我在澳大利亚首都地区研究了一年他们的少儿足球俱乐部和新教教会。2007 年博士毕业后，我进入中国社会科学院民族学与人类学研究所工作，田野转移到边疆和少数民族地区。但无论在哪个领域研究，我始终没有偏离过这个大问题。

  我曾经写过一份长达万言的自述（《博士出门，修行开始》），其实已经把自己的学术历程说得非常详尽。因此在这里，我就不纠缠那些琐碎的细节了，直接切入这个核心问题来谈谈自己的治学历程。

首先声明，我很讨厌那种把"本土化"当作一种政治正确来追求的学术倾向。学术不分国界，人性天下大同，理论的生命力在于其解释力，而不在于产地和血统。很多动辄畅言中国主体性和文化自觉的学者，其实是在人云亦云。网上有自己不养猫，专以围观别人养猫为乐的看客，被戏称为"云养猫"。在我看来，很多热衷于背靠官方手搭凉棚的"本土化"论者，也可被称为"云治学"。

我认为，只有孕育了对人生终极问题的独特解答的文明，而非文化，更非民族国家，才有资格谈"本土化"。因此当我在谈社会学或人类学的"本土化"时，其实谈的是从中国文明中汲取灵感，丰富这一西方学科的文化脉络，推动其走向更为普世的境界，而非固步自封。我在一篇名为《文明取向：社会学本土化的普遍性之维》的文章里，重点谈过这个问题，可惜到目前为止还没人注意。还有一篇《宗教现象的弥散化与宗教经济学的盲区》，则是具体将中国宗教的"弥散化"特征应用到澳大利亚基督教研究中的文章，写得比较早，也没人注意。

人人都说中国社会很特殊，但说来奇怪，我真正感受到这种特殊性，却是从实地研究西方社会开始的。澳大利亚社会居然可以容忍社会团体自由活动！成立社团居然不用层层报批！俱乐部和教会居然可以自己筹款！就这样，居然没有天下大乱！很多这种常识性的差别，其实我们在中国社会里并不容易感受得到。我国民政部官员考察了澳大利亚，才恍然大悟："原来民间社团真的是由志愿者组织起来的啊！"在黔西南，政法委的领

导拍着桌子质问我："放开社团活动？那犯罪分子还不无法无
天？"这些为我深入思考中国社会的特殊性提供了一个坚实的参
照系。至于一个放开了社团活力的社会究竟能有多"乱"，可以
参阅我的一篇文章《澳大利亚足球运动中的族群政治》。

我对基督教一直有兴趣，一方面当然是因为研究过澳大利
亚的新教教会，另一方面也是因为它是西方文明的重要源头之
一，甚至在我们的学科里也能找到它的身影。当我把田野转向
国内时，继续研究基督教会就成了一个很好的选择。不过，在
北京城市教会、西双版纳傣族教会和德宏景颇族教会中做了一
些或长或短的实地考察之后，我把目光转向了别处。原因很简
单，无论近代以来如何蓬勃，基督教终究不是中国社会长久以
来的核心要素，顶多只能算是这些要素的折射面。至于在国内
教会积累的相关材料，我明年应该会写文章出来。

在云南的田野工作期间，我终于找到了一种能反映中国社
会稳定独特性的组织——圣谕坛。有清一代，宣讲皇帝圣谕是
一套固定的制度，遍及城乡。但 1840 年以后的民间宗教运动
"劫持"了这一制度，地方士绅在"飞鸾阐化"的神话感召下
组织起遍布西南的善坛组织，在今天的乡村里还留下了大量的
组织和文字遗迹。教门和宗教运动是人类学者很少研究的领域，
却是兼顾经典与草根、稳定与变迁、历史与现实的重要环节，
我想从这里入手会是个好的选择。

中国的人类学者和社会学者都知道"西镇"和"禄村"，
但或许很少有人注意到，两个村子里都有一种神神道道的"圣
谕坛"。更有甚者，人类学家在村子里书写民族志的同时，村里

的士绅们居然也在"阐书救世"。"西镇"传出的鸾书，我找到了大半，有些当年许烺光读过，有的没有，禄村附近的鸾书，至今只找到一卷。这是我把这些年工资的一半换成几百卷鸾书得到的成果。我用其中蕴藏的丰富信息写成了两篇文章：《洱源善书与近代鸾坛救劫运动的人类学研究》和《民国社区研究与民间教门：以西镇圣谕坛为例》。后面应该还会有文章陆续面世。

其他类型的社团，我通过参与的集体课题多少有所认识，例如北京的花会、城市中的学会、内蒙和西藏的农牧民互助组织等等。这种取向，总体上属于 20 世纪 90 年代以来流行的"公民社会"进路。但说实话，中国到底有没有"公民社会"，很大程度上是个定义问题，经常被讨论成一笔糊涂账。而当你真正切入中国社会的现场和历史脉络中之后，你会发现，真正的问题不是中国社会中有没有发达的社团生活，而是这社团生活在中国社会中的位置，为何会如此尴尬？简单来说，是个合法性的问题。而合法性问题所折射出来的中国社会总体特征，我将其概括为"齐民社会"理念类型，与"宗法社会"共同构成中国社会的稳定结构。我发表的一篇文章比较清晰地阐述了这一观点，即《群亦邦本：试论中国的齐民社会与社团正当性》。

这些年来，我已经习惯了别人对我的研究领域为何如此零七碎八的问询。"好玩呗"，这是个半真半假的回答。在这里，我想第一次对我的研究做一个正面的辩护：不看海外，不读历史，不做田野，怎么能搞明白中国社会组织的特点？中国的

"社"和"会"都没搞明白，谈什么理解中国"社会"？又如何说得上"中国社会学"呢？我的研究非但不边缘，甚至可以说"主流"得过分，"主流"得我都快看不起自个儿了。

我这个人的性格容易走极端，做学问也是，不想明白了不算完。关于中西社会组织比较这个题目，我觉得做到今年差不多是可以告一段落了。现在手头正在做的事，一是把关于澳大利亚的民族志出版，二是补课中国社会史和思想史，以后还要恶补各种社会理论诞生之前的西方思想史。我知道现在学界安全无害来钱快的项目很多，彰显个人情趣或政治立场的课题也有的是，但既然选择了做学问这条路，还是希望能留下一些真正站得住脚的成果。中国社会学和人类学的本土化之路远没有完成，理论建构不是太多而是远远不够，隔壁财主吃饱了并不构成我喝茶的理由，不着急跟着他们玩消解和碎片化（实际上人家这几年也变了）。

和赖立里一样，我有时戏称自己是"人类学原教旨主义者"，这些年虽然偏重读经典，无非也是因为痛感自己通识教育不足，身为文化人类学者"没文化"罢了，最终的出发点和归宿还是非人类学莫属。

最后，为了表明这一点，我跟大家分享一段我在田野中常念的神咒好了："伏祈人类学、社会学历代高真，保佑圣门弟子×××田野工作顺利。食宿有继，口舌无咎，车马平安，灾病不生，村干部配合，报道人在家，落笔如神助，投稿不落空。无生父母胖枕头，真空家乡热被窝。睡觉！"这是睡前咒，睡醒会有好事发生，真的！

我的民族志
——从社会到人类

郭金华

　　从社会学到人类学，一路走来，尚未"守得云开见明月"，回看起点，还在不远处，似乎还不到自述心路历程的时候，但照照镜子，自觉还能被拉入青年人类学圈的时日恐怕无多。暂对过往的求学问道经历作一阶段性小结，也算正逢其时。

　　自进入北京大学学习社会学算起，已有二十余年。入学之前，并不知何谓"社会学"，还以为是社会科学之总称。之后屡因口齿不清被同辈误为"数学"，又因"社会"概念之神秘被乡党艳羡为进阶仕途之法门。其后进入人类学，也曾被不明就里的医疗界朋友误认为前沿的高精尖科学而得谬赞，又曾被领导理解为"很适合做志愿者工作"的"为人类服务"专业而获勉励。十四年的学校求学经历，七年社会学训练再加七年人类学训练使我具有了某种意义上的双重身份，因而有前辈老师对我寄予厚望，成为我生命中不敢承受之重。不过，这种双重背景的确给我提供了练习"左右互搏"的机会，可以不时针对自己走过的人生和求学之路进行参与观察。

初 识 社 会

第一次实地调查的机会来自社会学本科学习即将结束之前的毕业实习。"社会"终于从课堂和书本上的抽象概念变成了山东德州的一个村庄。在这个小村里，我第一次上手操作入户访谈。开始的感觉就像是笨手笨脚地用着一个借来的并不顺手的渔网，几无所获。但是，在向户主了解了家庭的基本状况之后，户主貌似不经意地提起了与邻居之间发生的关于宅基地的矛盾和冲突。我的内心泛起了涟漪。于是接下来，和几个同学结伴对这两户人家分别进行了访谈，结果发现双方各执一词，公说公有理婆说婆有理，各自指责对方在县里有"关系"，自己被欺负了。当时我们还没有研究伦理的意识，也完全没想过我们的访谈是否会给双方的争执火上浇油，但是一种捞到大鱼的兴奋在心中涌动。回想起来，那是因为我们嗅到了"社会"的气味。一个时时刻刻生活在社会中的"社会人"，居然在一个偶然的情境下才有了初识社会的感觉，听起来有点荒谬，但那种体验的真实感是不容质疑的。

在社会学硕士学习阶段，我的导师孙立平老师指导我参与了关于土改时期诉苦的口述史研究。不得不说，以我当时囿于家庭和学校生活形成的局限且单薄的人生经历去体会那样一个不远不近的时代和厚重的苦难主题，力有不逮。那种感觉仿佛一个小孩在成年人缝里钻来钻去看戏，台上锣鼓喧天，台下人声鼎沸，热闹得很，踮起脚来，只看见周围观众的后背，蹦一蹦，但见一团模糊的影子稍纵即逝，耳边响起一阵阵观众的叫好声。最后的毕业论文感觉就像匆忙披挂上阵，虚晃一枪，然后落荒而逃。尽管如此，在孙老师指导下，相对短暂的实地研究经历构成了我田野调查的启蒙，我第一次对"社会"和"研究"有了朦胧的感觉：特定社会的过去、现在和未来之间存在着一种忽隐忽现却又连续的脉络；而研究也不只是研究者单方面收集、分析材料的过程，还涉及研究者与研究对象如何相处的问题。尤其重要的是，一个研究的价值取决于研究者的一份社会关怀和担当。这种社会关怀和担当时常需要研究者清醒地与所属的社会保持一段距离，那就是：千万别拿自己不当外人。此外，学长们分享的研究经历也成为我后来理解和实践田野调查可以仰仗的资源和财富。如果说在本科毕业实习中，鲜活个体之间的互动构成了我最初想象社会的基础，那么参与口述史研究则让我学会从特定事件出发，基于个体、群体和国家之间相互交织的关系和互动透视中国社会。由于历史的积淀，社会呈现出一种质感的纹理。没有想到的是，苦难从此成为我长期关注的一个主题。

遭遇他者社会

2001 年，经由师长们引荐，我进入哈佛大学师从凯博文（Arthur Kleinman）学习医学人类学。我在"911"的前一天抵达学校，在连续数天的倒时差昏睡中对震惊全球的灾难浑然不觉。清醒之后，由吴飞师兄引领我到凯博文老师的办公室报到。我至今清晰记得导师在会面中谈了两点：一，不要以为只有中国人搞关系，我们这里也一样；二，毕业了回中国去，别想待在美国。最初，我对导师的话并不以为然。尤其是第二点，因为待在美国的念头从未出现在我的脑海中，哪怕是稍纵即逝。

在哈佛的前两年是在紧张的课程学习中度过的。相比国内来说，一学期四门的课程设置实在不算多，但课业负担是前所未有的。每个学期都像一场战斗。课堂内外，我与导师凯博文和师母凯博艺（Joan Kleinman）有了更多的接触。导师似乎因为早年在中国的田野研究经历，对中国学生格外亲热且宽容，以致其他学生私下对此不乏抱怨。当然他对待我的学业也足够认真和严厉。至今记得第一次收到他反馈给我的学期论文作业时的情形。看着从头到尾的红笔批注和修改，我的心中有惊喜，更多的是恐惧。而师母会在我假期回国之前盯着我的一头乱发，忧心忡忡地叮嘱：先理个发，再回家见妈妈。

2007 年秋，我做完田野返回学校撰写论文。其时师母正处于阿兹海默症的确诊阶段。导师偶尔让我陪伴师母上街买咖啡，因为担心她走丢。2008 年我毕业前夕，导师把我叫到办公室，让师母纠正我的英文发音。我心里纳闷，现在练这个是不是太晚了点。后来我才明白，导师的意思与其说是让师母帮我练习英文，不如说是让我陪师母多说说话。当时，师母的病情已经严重到想不起两三分钟前说过的话、转身就认不出我的程度。

2011 年，师母因病过世。

谨以这段文字纪念师母凯博艺老师。

我的"红丝带之家"

2005 年初至 2007 年夏，我在国内进行了为期两年半的田野研究。我的博士论文研究以中国社会中与精神病和艾滋病相关的污名为题。我的理解是，与疾病相关的污名貌似疾病的衍生物，表面上看起来，疾病制造了患者及相关群体的污名，表现为社会对患者和相关群体的歧视。其实质是，疾病作为一种新的污名载体维系了社会对特定群体的制度性排斥。因而，污名就成为特定群体存在状态的核心特征，象征着一种社会苦难。如果说土改之诉苦是以诉的方式将难以言说的、日常生活中弥漫之苦的体验进行话语表达，将之从人与天之间的关系转换为阶级与阶级之间的关系，并进而改变人们关于苦难的具身体验，使诉苦成为一种革命动员的技术和维系革命的机制，那么与疾病相关的污名之苦只有通过与疾病之痛进行切割才能获得表达的合法性，进而显影污名之苦中隐藏的人与人之间的不义关系，揭示人在社会中本不应存在的一种生存状态。

2005 年的整个下半年，我都在北京的一家医院做田野。该院设立了一个名为"红丝带之家"的有医护人员参与管理的艾滋病感染者与患者的自助组织。凭借略显曲折的关系进入后，我以志愿者和研究者的双重身份出现在该机构，随即体验到与患者打交道的困难。这个机构的成员，从医护人员到患者，经过长期的交往，已经形成一个类家庭的组织，所有人紧密团结在以护士长和患者领袖（一个服药超过十年的资深患者）为核心的中心周围，成员之间以家人互称相待。而我，显然是一个来历不明的外人。患者每天在我身边穿梭，但都基本无视或回避我的存在。好在我有大把时间做后盾。我选择了暂时搁置研究，专心从事志愿者工作。我每天跟医护人员几乎同时上下班。什么活儿需要我，我都撸起袖子加油干：小到修理电脑，搬运材料，替外地患者邮寄药物，大到扮演患者拍摄教学录像，帮助机构撰写项目申请书。

功夫不负有心人。大约半个月之后，患者逐渐开始接受我。第一个信号是患者领袖在某日午休时递给我一支烟；第二个信号是他主动约我和几个患者一起吃饭，然后邀我去他家看看、坐坐和聊聊。其后的一切就如热刀切黄油。我的朋友圈逐渐从医护人员、患者领袖扩展到骨干患者、一般患者。我对他们的了解也逐渐从病情扩展到个人、家庭、工作范畴。自始至终，我都主要以志愿者的身份出现在他们身边，研究似乎成了附带的工作，但是这并未妨碍我的研究进展和收集到的资料的质量。我感到一种终被"收养"的释然。有一次，医护人员与患者领袖当着我的面聊起我，后者说我就像"家里人"一样。他口中所说的"家里人"到底是什么意思呢？其后的一件事让我有所体会。在机构期间，每日我与医护人员、常驻机构担任志愿者的患者一样到医院食堂买饭然后回办公室就餐。一天中午，我们刚在办公室坐下一同用餐，患者领袖指着他买的一份凉菜对我说："我还没动过，你可以吃。"我愣了一下。我当然知道共餐并没有传染的风险，也并不是因为莫名担忧而迟疑。此前我与包括他在内的患者已经共餐过多次，从未表现出丝毫迟疑。他应该早知道我明白共餐并不会导致传染，而且我也并不介意共餐，那么他突然这么说是什么意思呢？当时我并没多想，直接就下筷吃了，稍后他也接着下筷，但我注意到他只夹靠近他的一小部分，不过神情动作并无任何异常。后来回想起来，他的这些表现可能与他所说的"家里人"的含义大有关系。首先，他这么说并不是因为担心我介意，如果他觉得我会介意，就根本不用多此一举；其次，他仍然把形式共餐变成一种实质分餐（虽然在一个盘子里，但他只接触其中一小部分）。我意识到，他的话和举动传达了一个意思：即便没有风险，即便我不介意，他也不能不小心。换句话说，即便没有传染的可能，他也会采取本不必要的行动，以示对我的关心和保护。这正是一种"家里人"的感觉。正因为他觉得我对待他们就像"家里人"，所以他也以同理待我。为家人着想，超过必要限度的关心和保护正是家人之间的相处之道。

2007 年夏我完成在云南的田野返回北京，返校之前又去红丝带之家做了一段时间"义工"。在此期间，我收到来自学校的通知，要求返校时必须携带健康证明，其中包括肝炎抗体检测。我在这家医院经过检测发现体内并无抗体，意味着之前注射过的疫苗已失效。于是立即就地接种，但时间紧迫来不及完成三针注射。情急之下，一位医生在我不知晓的情况下自抽自血进行检测，帮我制作了一份"合格"的检测报告。这一举动再次让我体会到"家里人"的内涵：为家人着想，无条件地主动提供一种不分彼此，甚至无原则的帮助和看顾。

我的"人类学之滇"

凭借投入的志愿者工作，我在北京这家医院的田野工作中不仅被接纳，而且与相关人员结成了家人般的亲密关系：相互熟悉且信任。家的感觉是温暖的，但一个人早晚要走出家门。外面的世界天大地大，但并非处处是我家。2006 年底，当我经由北京的医院介绍到云南大理的一所医院接替一个三方合作的项目主管时，情形发生了极大的变化。该项目由美国一所大学（出资）、北京的医院（技术支持）和大理地方医院（执行）三方合作，在大理的艾滋病服药患者中开展服药依从性的干预研究。离开北京之前，熟悉的患者朋友提醒我：那些人（指云南的艾滋病患者，大多数经由共用针头静脉注射毒品而感染）可跟我们不同，他们的话一句都不能信。

到了大理，我发现需要担心的事情并非如他们所说。首先，我发现当地医院并没有一个类似志愿者的角色可以让我来扮演和发挥，我的身份被固定为一个外方资助的研究项目在当地的执行主管；其次，我不得不继承一份棘手的"遗产"：我的前任项目主管与医院科室主任之间并不愉快的合作经历导致双方交恶。我的前任在与我交接工作的过程中十分善意地提醒我科室主任如何难以相处，这也让我有了一些先入之见，不由心生戒备。

如果说我在北京的田野是在志愿者工作的间隙展开，那么我在大理的研究更是只能在项目工作之余见缝插针。既无暇欣赏风花雪月，也无闲结交金花阿鹏。绝大部分时间都是在科室的主任办公室等待不定什么时间会现身的患者，然后是一系列项目规定动作：扫描电子药瓶，问卷调查，访谈调查。我逐渐发现我又遇到了一个"家庭"，当然，我还是外人。一切都需要重新来过。医院科室就像一个家：主任和护士长是父母，资深医生是父母的弟妹，年轻的医生护士就像是子女。最初与科室主任的互动，由于一份"共同遗产"的存在，双方都有试探的意思，井水不犯河水是这一时期的显著特征。但是，显然我不准备完全继承这份遗产，我的研究也由不得我任性。我在与科室主任打交道的过程中，也在思考前任留下的遗产究竟是如何形成的。日子一天天过去，我逐渐发现了些端倪。面对白族和汉族，作为回族的科室主任保有一种明显的民族自豪感；其次，面对我的前任（有过英国留学经历、职业化且女权意识强烈的姑娘），科室主任又有一种骄傲的大男子主义。这是我眼中的科室主任。那么，前任和我在科室主任的眼中又是怎样呢？可能类似外国资本家在华代理，甚至是"汉奸"：替外国人办事，不惜与中国人斤斤计较，甚至损害中国人的利益！

借由对方的眼中我认识自己，也认识对方，是打开工作局面的基础。我的策略之一是突破前任的工作方式，不再在项目与科室之间划分清晰界限，主要表现为项目的办公用品（打印机、耗材和纸笔等）可以任由科室使用，并不计较所有权、使用权等问题。其结果是，小医生护士们觉得我更像"中国人"，随和好相处；科室主任觉得我好说话，因占了便宜而得意。第二个策略是越过主任和护士长结交医生和护士。年轻的医生和护士见了主任和护士长就像耗子见了猫，好在"猫"并不常在科室。于是，趁着主任、护士长不在的工作间隙，"耗子"们经常凑钱就近购买烧烤、麻辣烫之类，然后在某间医生办公室闭门聚而食之。她们最初都刻意回避我，直到某天被我撞见，然后邀我分享。父母的教育使我一直对街边摊避而远之，本能的婉拒之后发现自己犯了个技术错误，后悔不已。好在不久，上天又给了一次机会，这一次我紧紧抓住。然后，我就成了办公室偷嘴的主要出资方之一。再然后，伴随请与被请、约与被约的演进，我的正式身份色彩逐渐淡去，我和医生护士之间的互动也逐渐变成日常生活式的交往。工作之余前往年轻医生护士的宿舍聚众吃饭、打麻将成为我有限娱乐生活的主旋律。面对不擅棋牌游戏的我，聚众打麻将很快演变为聚众教我打麻将。接受麻将教育期间，我常常被斥责：你怎么这么笨？教都教不会！逛街的时候，我也因拒绝购买标价四五百的"七匹狼"而被姑娘们鄙视：不要以为你还在北京，在我们这儿就是这个价！你到底买不买？每当这种时刻，我都更能体会当年马林诺夫斯基和博厄斯的遭遇和感受：前者被岛民视为不祥之人不愿带他出海，后者被爱斯基摩人视为流感传染源而嫌弃。不过，这种数落和嫌弃，我想，其实是一种接纳。

　　与主任的互动显然没有这么轻松和融洽。主任认定项目的外方主管曾在某场合答应给他一笔有明确数目的年终奖，但是外方否认有此约定。因而，在我接替前任之前，双方已在这个问题上纠缠、僵持了很长时间。我的前任在离任前曾反复提醒我这件事。很快，主任又向我重提旧事。我郑重表示作为新来者我并不了解以前的情况，但我承诺会根据他的意思写一封邮件向外方主管询问此事，一定给他个说法。不日，接到外方邮件回复，不出我料，外方再次严正否认双方曾有此约定，并且重申在这个问题上外方的立场是一贯的、明确的。接下来，我将外方邮件打印一份，然后逐字逐句翻译打印一份。等主任再次出现在科室时，我将两份文件一起呈给他。接过这两份邮件，主任似乎有点意外，但在阅后，他带着甚至有点不好意思的羞涩的笑对我说：可能是我当时听错了，那就算了吧。我有点意外。当然，接到我邮件反馈的外方更为意外。应战的一方本来已做好持久战的准备，但发起攻势的一方居然毫无征兆地先行撤离。我的举动向主任传递的信息是：不管事实如何，我对你是足够尊重的。我想，主任的反应表明他接受的也不过是这一点，仅此而已。但是在外方眼里，明知故问的我居然郑重其事地站在中立方的立场参与这场交涉，显然不是他们希望看到的理应站在他们一边、接受他们掌控的项目代理人和执行人角色。此后，外方不时针对我的某些工作程序、技术环节挑刺。有些是小题大做，有些完全是莫须有。不过，好在山高皇帝远。针对外方的批评，我是有则改之无则加勉。

一方面由于项目工作缠身，另外，该医院并没有类似北京的那种常驻机构的患者群体存在，也没有志愿者角色可供我发挥，我在大理只能凭借项目工作的机会对部分患者进行零星、断续的访谈，基本失去了参与观察患者生活的机会。与患者的有限互动又因为我的项目身份而受到进一步限制。我想，在患者眼中，我大概是和医生护士一伙的，与熟悉可信任的朋友相比，完全是两个概念。曾有患者因个人原因导致服药依从性很差，遭到医生护士的严厉斥责和教训。这种时候，我面临着极为困难的选择：从研究伦理角度出发，我不能参与医生护士对患者的讨伐，甚至应该制止他们；但是从医生护士盟友的角色出发，我对他们的制止显然会在患者面前挑战他们的权威，让他们丢面子；更重要的是，如果从为患者考虑的角度出发，服药依从性关系到他们的健康状况甚至生死，医生护士的激烈反应，虽说有因患者不听话挑战自身权威而恼怒的成分，也可以说是一种超出职业范畴的对患者的个人关怀。其实，面对这样的患者，我在内心深处除了同情之外也确有一种怒其不争的不满。

结　语

北京地区的研究让我体验到一种教科书式的、理想化的参与观察是可能的：只要努力，终有收获。但是大理的研究经历让我明白，理想终究只是一种理想：有些时候，再多努力，也未必如愿。从社会到人类，过往的研究经历和体验让我领悟到民族志研究的一种独特魅力：做研究就如同做人，或者，做研究根本就是在做人。做人的困难在于，往往都是事情改变人，人改变不了事情。但是，有些时候，人可以改变一些事情。这正是做人的意义所在。

我的人类学探索之旅

余成普

一、误打误撞进入社会学

我 2000 年高考那会儿，是先估分然后填写志愿。我的估分，按照往年的分数线，大概刚过重点本科。面对厚厚的一本高考志愿填报指南，我第一次知道有那么多的高校、那么多的专业。在我的世界里，清华北大之类的名牌大学，自然不是我所能报考的，我们整个高中能考上这类大学的也屈指可数。我所熟悉的仅仅是省内的几所重点大学。家在县城的同学，在填报志愿之前，家长一般会咨询很多过来人，或者直接请高中老师商量志愿的选择。这些多少有些眼界的家长们知道，高考志愿可能决定了小孩以后的工作和出路。我的父母文化和资源都极为有限，他们把我培养出来，不是让我有事没事找他们，而是让家里以后大小事可以找我。

毕竟是估分，担心高估了自己，对一般本科的志愿也不容随意。那么多的本科学校，我听说过的没有几所。可能是知道毛泽东是湖南人的缘故，又可能当初有所谓"铁老大"的说法，最大的可能是，长沙铁道学院的往年分数线与我的估分最为接近。这样长沙铁道学院妥妥地成为我一般本科的第一志愿。

我不知道自己喜欢什么专业，我只知道，只要上了大学，什么专业都可以。所以我根本没有在专业上花费什么时间，直接根据志愿手册，把长沙铁道学院文科的专业顺序写到我的志愿表中：社会学第一，法学第二。为了保险起见，我选择了服从调剂。那时候，我还不知道社会学是铁道学院第一年招生，也不知道社会学是所谓的冷门专业。志愿手册上的专业顺序大概就是按照从冷门到热门排序的，排在前面的好引起人们的注意，也吸引一些无知懵懂者闯入。

我当年确实高估了自己，没被志愿上的省内重点本科学校录取。我是在报到前一周才拿到录取通知书的。通知书就这样平静地放在了班主任家里一个月，而我还在焦急地等待，担心是不是连一般本科都上不了。那时候，我们家没有电话，整个村都没有电话。班主任曾经电话给我所在乡镇的一个干部的家里，请他转告我去取通知书。但很可惜，我一直没收到这个消息。在我实在等得不耐烦的时候，我打算去高中看一看。当我走进班主任的家里时，班主任一脸责怪，埋怨我怎么现在才来取。

信封已经被拆开。班主任说，这是他拆的。因为他看到通知书上写的是"中南大学"，他没有听说过，他知道我从来没有报考这所学校，所以怀疑是不是哪个野鸡大学又来欺骗乡村学生了。当看到通知书上第一句话就是"中南大学是教育部直属的全国重点大学"时，他更诧异了。这个"不知名"的大学怎么是重点大学？直到看到后面的介绍，他才放心。这是当年年初，中南工业大学、长沙铁道学院、湘雅医学院三个学校合并成立的大学。班主任一个劲地说我幸运，最终还是被重点大学录取。闭塞的信息让我幸福得泪流满面。

社会学专业在铁道校区。这里的学风真好。周一到周五的每天晚上系里都要求所有同学要在固定的教室自习，班干部点名，辅导员偶尔抽查。至少，在大一那一年里，我们的重点依然是学习，和高中基本上没有多少差别。在本科四年里，我除了体育，几乎每门课都是全班第一（我们社会学"黄埔一期"也只有一个班，29人）。就像现在的社会，有点赢者通吃的意味，我也成了各种奖学金、各种荣誉的大满贯。

考试归考试，荣誉归荣誉，但社会学对我来说，还是不明不白，难以说清。那时候每年寒假回家，还有学生的专列火车。学生们在一起，自然会问彼此来自哪个学校，哪个专业。中南大学，只需稍微解释下，或者不用说，大家已经知道这个新学校了。当别人说自己的专业是法学、物理学、行政管理时，大概不会有"这个学科是干什么的"这样的追问，当我说自己学社会学时，别人一定好奇，社会那么大，这个学科想干嘛。而我只能说社会学有自己的方法，可以分析一些社会问题和社会现象，或者就把郑杭生老师所编《社会学概论新修》中的社会学的定义说一遍。至于何谓"社会"或"社会结构"之类的深层问题，根本就没有反思过。我自己都不明白的问题，其他人听了当然更不会明白。

在本科阶段，对我触动最大的是，系里那时在经费紧张的时候，已经开始要求本科生做社会调查了。本科阶段我跟随肖

铁肩、马润生两位老师去湖南娄底农村实习，有几年的暑假我
还跟随谷中原老师去他的家乡湘西的一个乡村做调查。我虽出
身农村，但看到其他乡村的不同面貌时，依然让我兴奋不已。
原初的冲动就是，这里的农村为什么和我的家乡不一样？我后
来对我的家乡做调查，才知道，原本以为熟悉的家乡，其实已
经超出了我的儿时记忆。中南培养了后来我对田野的热情。

二、在清华的紧张与美好

在大四时候，当其他同学纷纷开始找工作时，我不用为此
操心，因为按照制度，我自然是优先保研的那一位。相比本科
考试前的死记硬背，研究生课程要轻松很多，有时候提交一篇
读书报告就可以结束一门课程。越轻松，越没事可做，越让人
觉得彷徨。这是我开始准备考博的原初动力。考博，只要时间
错开，可以报考多所学校。那个时候，系里有几位老师已经拿
到或者正在攻读博士学位。我去找他们请教报考什么专业、什
么学校。保险起见，由于我是社会学出身，报考社会学的把握
更大。至于什么学校，那时有社会学博士点的学校还不是很多。
系里李斌老师刚刚在清华拿到博士学位，那自然是光环荣耀，
这对我的冲击最大。在报考清华之外，我还报考了中山大学。
因为中山大学的王宁教授是消费社会学方向，与我的硕士论文
所关注的农民的闲暇消费相关。那个时候，我一下子找到了人
生的目标，干劲十足。白天、晚上、周末，除了正常的上课，

我几乎都在自习室里看书。教室里没有空调，长沙的夏天热得不行。谷老师就把他办公室的钥匙给我，让我去他办公室看书，可以吹吹空调。我现在翻开当初那一本本记得密密麻麻的读书笔记，自己也感慨，那时候的干劲真足！

中南的社会学研究生是两年半学制。我向系里领导申请，能否两年毕业。我想得简单，以为课程修完了，早点毕业没什么。两年毕业的话，也就是7月份毕业，假如博士考上的话，正好经过一个暑假，9月份就可以去读博了。我没有想到的是，提前毕业还涉及要专门做论文送审，专门邀请答辩专家等问题。系里领导商量后，给我的答复是，假如我能顺利考上清华大学或者中山大学，就让我提前毕业。假如没被录取，就和大部队一起。我自然高兴得不得了。这无形中既给了我压力，自然也是动力。

功夫不负有心人。我同时被清华大学和中山大学录取了。我写信告诉了王宁老师。王老师很快回信，表示祝贺，并建议我去清华大学，鼓励我假如有可能的话，让我毕业后回中山大学工作。这大概就是我清华毕业后回中山大学工作的潜在意识力量吧。

乐极往往生悲，貌似一点也不假。当我把考上清华的喜讯告诉我的家人、朋友和师长时，他们在惊讶之余都由衷地为我高兴。但很快，我得到消息，我报考清华的导师，因为名额限制，不能录取我。这让我一下子从高峰跌到低谷。我在网页上找到了清华社会学系一位领导的电话。电话给他后，他听了我的情况，告诉我还有转机。那一年报考景军老师的学生都没过线。博士是导师负责制，如果景老师愿意接收我的话，我可以跟随景老师去读人类学，问我是否愿意。我哪想过什么人类学和社会学的差别，只要能去读，什么专业也可以啊。但前提是景老师本人要同意才行。我把这个情况向李斌老师汇报，他没有迟疑，很快就打电话给景老师。当时景老师还在美国出差，在李斌老师的美言下，景老师表示愿意接收我。景老师从哈佛毕业，回国不久，是享誉国内外的人类学家。我不得不说，我又撞运了。

清华园很美。这是我在清华高压之下，依然乐意晚饭后围着校园散步的最大动力。在清华，几乎一切都是重新开始。以前看的一本本教材，只能帮我在考试时拿高分。但清华的课堂，几乎没有所谓的教材，有的只是阅读原著。就是那种需要坐在图书馆里，细嚼慢咽、冥思苦想、似懂非懂的著作。

清华的导师不会给学生多少压力，真正的压力来自同学。就我所在的宿舍来说，晚上的卧谈会少了风花雪月，更多的是对某门课程、某本著作、某个观点的评论。我的一个舍友，从图书馆借了很多书，在书柜的一侧放着已阅著作，另一侧放着待阅著作。看到他已阅一栏越来越多，待阅越来越少，没过多久，这些书还给图书馆后，又开始新的一轮已阅、待阅，真是让人羡慕嫉妒，但没有恨。

在清华的课堂上，老师提前已经布置了很多的阅读。假如你事先没有阅读，就在课堂上信口开河，那么很快就有同学略带鄙视地告诉你："同学，你没看书，就不要说了。"所以这种情况下，逼着你不得不在上课之前做大量的准备工作。假如你没有准备，那就老老实实地听别人说吧。这种氛围，你自己不看书还行？

我在清华最大的收获就是阅读。清华图书馆是我最爱去的地方。在这里，我明白，文科的学术没有什么捷径，唯有对原著的一本本的阅读，甚至是对同一本著作的多次阅读。然后写读书笔记，把自己的想法带到宿舍里和同学交流，带到课堂和老师、同学争辩，最后将一些比较成熟的想法写出来，投稿给一些优秀的期刊。

去年景老师为我出版的一本著作作序，我知道，他当时对我的印象一般。"十多年前，余成普从中南大学考入清华大学社会学系，打算投在另外一位教授门下攻读博士学位，但阴差阳错变成了我要指导的博士生之一。面对一个我不了解的学生，过多的期待，对我而言，无从谈起。相比我指导过或当时名下已有的博士生们，当年的余成普显得过于腼腆寡言，我担心他是不是能够在清华大学这样一个极具竞争性的学术环境中走下去。"确如景老师所言，刚进清华的我，很不自信。在我埋头阅读一年后，才开始敢约景老师，跟他聊聊学术话题。景老师在序言中继续说，"回首往事，转到当下，当年的担忧已化为不断的喜悦"。我想假如这份喜悦不是美言，而是确实的话，那这来自于我个人对阅读和写作的兴趣和执着。

三、血液捐赠的研究尝试

经过第一年博士课程的学习后，2007 年底我开始着手学位论文的准备工作。那个时候，医学人类学在中国刚刚"穿越成年礼"，很多有意义的话题值得进一步挖掘。景老师也从早期研究水库移民、儿童喂养、集体记忆转向艾滋病的人类学和社会学研究。在艾滋病研究的大框架下，导师的团队已经完成或者正准备开展有关同性恋群体、买卖用血、吸毒、性工作者等方面的研究。我最终选择血液捐赠作为主题，一方面因为它承接了上述的研究。自 20 世纪 90 年代末以来，中国逐步从买卖用血和具有单位计划性质的义务献血走向自愿献血，但这个转变的过程和机制以及由此引发的理论问题值得深究。另一方面，血液捐赠，被看成"赠予生命的礼物"。礼物是人类学的经典话题，但对身体部分的让渡，明显与传统礼物有别。所以对血液捐赠的研究，可能在一定程度上推动礼物研究本身。我对蒂特马斯（R. M. Titmuss）和赫利（K. J. Healy）著作的研读基本形成了我的理论对话点（发表在《社会学研究》2010 年第 1 期）。

现在回过头来再看我的写作框架和核心观点，其实那时候我在清华红会半年的志愿者生涯里，基本已经形成了。这些零碎的观点包括"对金钱的符号化使用"、"献血的话语体系和时空网络"、"献血虽是利他行为，但并非与利他等同"等。这些观点集中体现在对一次清华团体献血的观察上（发表在《社会》2010 年第 2 期）。后来我去中南 C 市做调查，只是在一个相对集中的时间段里观察一个地方供血模式的变迁、街头的献血以及组织的决策行为。C 市的调查帮我区分了日常状态的献血和灾后的献血热潮，这是我过去不曾想到的。所以整体上看，我在清华红会的经历与 C 市的调查，是面和点的关系，前者帮我形成了基本的概念框架，后者充实和完善了这些框架下的具体内容。

博士论文答辩后，我一时竟找不到新的视角来看血液捐赠，或者直白说，我对这个主题渐渐地失去了学术探究的热情，这是我转向器官移植和捐赠研究的主要原因。如果没有景军老师和杜向军先生的督促和帮助，我可能不会将血液研究进行下去。毕业后，我经常与景老师保持着邮件和电话往来。景老师自研究买卖用血后，对自愿献血保持着浓厚的兴趣，并一直有新想法。一次邮件中，景老师告诉我，我过去关于"血荒"的讨论（《开放时代》2010年第1期），只说对了一半——我只关注了血液的开源即采血的一面，"血荒"应该是一个供求关系问题。我们还必须考虑临床用血的使用，即"节流"与否的问题。我们沟通几次后，决定合作完成两篇论文，一是通过对既有数据的元分析，研究临床用血的不合理使用状况（《思想战线》2011年第5期），以及更进一步，从公共物品使用的角度讨论临床用血滥用的社会后果（《探索与争鸣》2014年第8期）。

2015年，血浆研究专家杜向军先生建议我可以去单采血浆站看看，他可以帮我联系调查的进入。与捐赠全血不同，当下的血浆捐赠还有金钱补贴的直接给付。我当时一来好奇捐浆者的人口学特征，二来想比较全血捐赠（者）和血浆捐赠（者），当然也想验证，在市场和道德之间，谁将占据上风的问题。这样，在我和景老师合作完成临床用血使用问题的讨论后（算是对"血荒"有个完整的交待），我和两位研究生李宛霖、陈林濛在血浆站开展了一个月左右的调查，叶华老师参与了定量分析，

来比较和理解血液（全血、机采血小板、血浆）捐赠之间的
分殊。

四、器官移植的人类学研究

当我从组织角度完成"血液捐赠"的博士论文，在清华社
会学系完成学业后，部分受导师人类学背景的影响，2009 年 7
月，我顺利地进入了中山大学人类学系工作。我进入中山大学
时，中大要求所有的新进讲师必须做博士后，身份为"师资博
士后"。在这个传统的人类学系，过多地讨论社会学似乎不太合
适，我得选择一个更具人类学想象力的学术主题。

其实，在我着手准备有关血液捐赠的博士学位论文时，器
官移植和器官捐赠已经进入我的视野。那时候，我阅读的文献，
血液捐赠和器官捐赠往往相伴一起，很多作者也是在对它们的
比较中提出研究问题。但学者们讨论的重心有所不同，在血液
捐赠方面多是侧重其组织动员，而对器官捐赠，则是从人类学
角度讨论生与死、身体的部分与整体、自我与他者、礼物与商
品、自然与文化之间复杂的关系。我把研究器官移植的想法告
诉博士后导师周大鸣教授，他同意了我的研究计划。

文献的继续查阅，进一步肯定了我研究器官移植和捐赠的
设想。我后来才明白，器官移植的研究，真正的难点不在文献
的储备，而在调查的进入。如果没有移植医院和科室的许可，
外来人很难接触到相关人群（移植医生、移植病人、捐赠者、

家属等）。而让关键守门人同意调查的进入，去弄清移植领域的
玄机，可能会触及那早已敏感的神经：坊间一直关注的器官来源
和器官分配问题。我在几乎要放弃这项研究的时候，最后一次
尝试是给部分移植医生发出邮件，请求得到他们的帮助。我想
我的幸运没法复制：一位移植医生答应帮助我，原因很简单，他
和我原来是老乡。在陌生化的都市里，乡缘让人倍感亲切，也
成为化解问题的关键。

　　当我研究器官移植和捐赠后，再把血液捐赠拿来看，才看
到所谓生命礼物的本质。生命的赠予与时间捐赠、金钱捐赠，
乃至与传统的礼物相比，无论在赠予内容还是在发生过程上都
表现出明显的不同。

　　生命的馈赠，表明我们不仅可以让渡身外之物（像贝壳、
项圈，乃至食物、礼金等），在现代医学条件下，还可以让渡我
们的身体全部或者部分，从而在延续他人生命的同时，也延伸
了"自我"生命的长度。生命礼物与传统礼物的诸多差异，究
其根源在于捐赠的不是外在的"物"，而是我们的身体、组织和
细胞。身体作为生物性与社会文化性的共同存在，也必然反映
在以身体（部分）作为礼物的馈赠上。身体的生物属性决定了
对它的馈赠不可能是个人之间的互惠交换，而需要有医学相关
部门的介入（比如血站、红十字会、医院）。身体及其部分作为
自我认同的一部分，承载着我们对自我的认识、对生命的敬重、
对自我与亲属关系的理解，甚至对死后世界的想象。这样，相
对于普通的物，身体及其部分作为礼物，增添了其文化的生命
力，充满了文化的想象。

这是我研究"生命礼物"的理论起点。在血液捐赠上，我更看重组织在文化改造上的努力，在器官捐赠和器官移植上，虽然组织同样重要，但我将视角转向身体本身，通过器官移植和捐赠来反思既有的身体理论。虽然视角不同，但背后都是试图推动我们对身体和生命的再认识，并借此思考个人与社会之间的关系。

五、方法论的困境与探索

器官移植的研究结束后，我开始了慢性病的研究尝试。这源于蔡禾老师介绍的一个糖尿病项目机会。我在项目中只是一个评估的角色，但随着对医生、患者调查的深入，以及对糖尿病人类学文献的阅读，我发现对糖尿病的研究，不仅与我既往关注的移植病人——都作为慢性病人具有关联，也是一个探讨生物-文化关联性的绝好切入点，因为它的发生，实在是一个生物适应性、涵化，乃至社会苦难相互交织的产物。

生物-文化如何交织，其中的机制是什么依然是一个难点。虽然医学人类学家也提出了诸如地方生物学（local biologies）、具身化（embodiment）等分析概念来处理生物-文化的关系，但真要弄明白它们之间的微妙关系，还需要跨学科的合作，尤其是与生物学的合作。合作的困难一方面在于我们必须处理一些根深蒂固的学科理念和知识生产方式问题，因为不同的学科，存在不同的假定和不同的方法论。另一方面还在于我个人的学科训练和知识储备问题。我虽然受过社会学、人类学的专业训练，但对生物学只知皮毛。我现在的愿望就是能与志同道合的生物学家一道，出色地完成一项兼具田野调查和实验方法的研究，以寻求生物-文化交织的微观过程。

我的上述研究，无论讨论血液捐赠、器官移植还是糖尿病，都是在都市开展，比如在医院做调查。在城市医院做调查，我们可以将医院作为民族志现场，但参与到患者日常生活中去相当困难，这些"流动的"研究对象往往只能在你面前出现一次。相对于乡村的调查更多的是依靠长期的多次的参与观察，对病人和家属的研究，则往往是短期的一次性访谈。我们"倾听"他们的故事，观察他们与医护人员的互动，却很难进入他们的"村落"、深入到他们日常生活中去观察更多的细节。个案访谈提供给我们浓缩的、条理化的故事形态，但没有日常生活的琐事和细节，个案就会缺乏饱满性，个人的病痛也很难与历史的、生态的、政治经济的情境联系起来。只有回到人们的日常生活，参与到他们的家庭生活、人际交往和日常的琐事中去，部分与整体的关系才得以揭示。这是我最近几年从医院到社区、从病房到家庭、从城市到乡村之间穿梭的主要原因。

我的社会学、人类学之路，充满了幸运，既有贵人相助，也有自己的奋斗。我在高中期间不知道自己将来会读社会学，在本科阶段不知道以后会与人类学有缘，甚至从来没有想到自己会一步步地与健康和疾病主题靠近。在研究地域和方法上，我本科硕士都在做乡村研究，用的是定量分析，博士之后转向都市研究，却用了田野调查，现在又开始为乡村慢性病和民族医疗问题做前期的准备工作。我在人类学系工作，但我没觉得社会学、人类学这两门学科有根本的不同，反而认为社会学所倡导的宏观与微观之间的穿梭能力，恰是人类学需要的想象力。

学术江湖之外的"非"人类学研究

何　俊

　　1997 年大学毕业的我，学的不是人类学，而是经济学，专业是当时最为热火的国际贸易。可无奈家人不是领域内的"江湖"之士，无法进入大牌的专业进出口公司享受祖国改革开放初期的红利，我只有能凭借自己的一纸文凭，进入了一家刚刚获得出口许可权的小企业，开展芸豆的出口业务。芸豆种植于我国相对比较贫困的"老少边穷"的云南、山西、内蒙等地的山区，种植难、收益低，但是芸豆却是欧洲社会每天餐桌上的必备佳肴。每年这家小公司都要往返于山区贫困农户与天津塘沽港之间，开展从收购、分选、运输，包装直到出口整个市场环节工作。也就是这段经历让我一次接触到了所谓价值链的全过程，了解到贫困山区老百姓在全球价值链的地位。我之后在天津蹲点长达一年，更认识到了拥有出口许可的专营出口企业在价值链中的暴利地位。

　　2000 年的时候，我有幸认识了泰国清迈大学的扬（Uriavan Tan-Kim-Yong）教授，在她的推荐下，来到了与云南毗邻的清迈攻读硕士，这算是我第一次接触所谓人类学。可是，我是学院里唯一没有选修恰扬（Chayan）教授的"民族学研究"课程的硕士研究生，我把自己怡然地定义为"发展学"学生，关注更多的是经济学和发展学的方向的问题。也许，这也是为什么我不擅长讲故事的原因。还好，发展人类学的课程和研究我一点没有落下，也让自己好歹能站在人类学这个大领域的范围里。对于每一个硕士来说，最困难的就是论文，识别问题、提出问题、概念性框架，绞尽脑汁也很难有独树一帜的见解。正当这时，我结识了杰西·里博（Jesse Ribot）教授，他慷慨地把自己还未发表的论文发给我。而这篇论文成为了我硕士研究的救命稻草，当然之后杰西的这篇论文成为了创世之作，在全球范围内被引用超过4500次之多。他不但提出了价值链的人类学研究方法，更进一步构建了"利益获取"（access）的理论。自然，我的论文也在他的理论基础上，开展了云南林产品的价值链研究。没想到的是，因为这个研究，我为丰富全球价值链的研究理论提供了中国的案例，更没想到的是，多年后，因为价值链的研究我发表人生的第一篇《科学引文索引》（Science Citation Index，以下简称SCI），获得了人生第一个省部级一等奖，更申请到了人生第一个国家社科基金项目。

2002年硕士毕业后，还是由于人不在"江湖"，虽然作为云南省早期的"海归"（当时还没有海归的说法），研究院和大学都把我拒之门外，因此我只有漂流于体制之外。怀揣着要干点什么的抱负，我来到了在国内外都较有影响力的一个NGO云南省生物多样性和传统知识研究会工作。那时NGO在云南乃至全国都是新鲜事物，记得当时的女朋友（现在的老婆）一直没搞明白我到底是干什么的，而女朋友的妈妈就更无法理解了。还好，当时NGO筹款比较容易，我的收入也有一定的比较优势，这才让女朋友和她妈妈放下心来。在 NGO 工作的这段时间是我一生中开展的最接近人类学的研究，非常的人类学。借助云南民族文化多样性和生物多样性的优势，我的研究主要是讲述各种故事，以阐明民族习俗、宗教文化、地方性知识对生态和生物多样性的保护作用，同时呼吁对民族文化和地方性知识的保护。这个生态人类学的视野可谓创新，因此受到了全世界的广泛关注，而我也有幸带着这些故事走访了四大洲三大洋，一时感觉自己相当的国际化。同时，我所在 NGO 的事业也蒸蒸日上，捐助者络绎不绝，项目资金成倍增长。可惜好景不长，与国内很多有影响的 NGO 一样，由于领导层的更换，机构面临巨大的变动，我也随之离开了。

2005 年，为了把自己再国际化一点，在离开本土 NGO 后，我进入了一个国际组织工作，世界混农林业研究中心（World Agroforestry Centre，以下简称 ICRAF）。由于 ICRAF 受到世界银行的主要资助，可看成联合国的智库，这也使得我的工作性质终于开始被我老婆家的亲戚有所理解（2006 年女朋友升级成了老婆），从此我就成了在"联合国"工作的啦！虽然身处一个国际机构，但是在 ICRAF 的两年是最接地气的两年。我大部分时间都在野外工作（fieldwork，生态学家叫野外工作，人类学家叫田野工作）。这期间也是把研究转换为行动的两年。在保山，我们实实在在地做发展人类学的实践，而不是研究。简单说就是做了几年的参与式扶贫工作，其中不乏把地方知识与科学知识结合，开展野生菌和民族药材的人工促繁殖与驯化。万万没有想到的是，发展人类学的工作实践不仅仅为农户增收和生态保护做出了实质性的贡献，更让我惊奇的是我把这些实践性的工作撰写成了论文，接二连三地发表了我人生中的第二篇、第三篇、第四篇 SCI。之后，在 2007 年，这个高大上的国际机构与昆明植物研究所合作建立了联合实验室，我也就被昆明植物研究所收编了。在这个联合实验室，我们继续把曾经的发展人类学实践中的经验进一步总结，并利用地方性知识的革新申请获准了三个发明专利、两个省部级科技技术奖。同时，更把这样的经验传播到了北朝鲜，并开始了我长达八年之久的北朝鲜发展人类学工作。

　　当然，这八年我并没有一直待在北朝鲜，而是每年进行两三次的访问，以提供对其山地农业发展的技术支持。期间我完成了我学术生涯中最重要的一件事情，攻读博士学位。在 2009 年的 9 月，我在导师托马斯·西科尔（Thomas Sikor）和阿德·里安·马丁（Adrian Martin）的共同支持下，远赴英国开始攻读博士学位，更高兴的是能在发展学的国际顶级大学东安格利亚大学开展我的博士研究。在没有"江湖"的英国，我的博士可算顺利。虽然没有国家留学基金委的奖学金，但是凭借我在北朝鲜工作的高额报酬，以及之后接连申请获得了英国发展署、英国社会与经济研究委会以及福特基金等几个项目的支持，国外留学的最大问题经济问题解决了，同时我还有能力把家人一起带去和我一起体验英国的天气和绅士风度。在 2013 年 2 月 1 日我顺利毕业了，我是为数不多的能在三年半内拿到博士学位的人。但比我更高效的是英国的体制，我经过近八次的大修改，于 2013 年 1 月 31 日上午 11 点提交了博士论文的最后修改稿，在 2013 年 2 月 1 日就正式获得了博士学位证书。

拿到博士证书后，我回到了昆明。有了博士学位，再也不用 NGO 了，终于可以进体制、混江湖了。由于以前的工作联系，我进入了云南农业大学工作，那里有农村发展的专业，可以说是发展学最好的用武之地。我使出洪荒之力，三年内为云南农业大学发表了 12 篇 SCI／SSCI 论文，平均一年四篇之多。可惜事事不如人意，这样的成绩并没有得到"江湖好汉"的认可，我也没有被江湖所接纳。被江湖边缘化的我只有另寻出路。一日受到"乡村之眼"老友，吕宾的召唤去帮忙他修改项目建议书，发现原来云南大学的何明教授是"乡村之眼"的理事，我像发现了救命稻草一样，立马要求老友吕宾帮忙把我的简历递送到云南大学民族研究院（现在是民族学与社会学院）。自此之后我如同遇到伯乐一样，在 2016 年被云南大学民族研究院接纳了，并重新开始了我的生态人类学研究。回想，如果没有云南大学的接纳，我也许已经回英国或去美国了。当然，更感谢学院的领导支持，之后我很顺利地在江湖上拿到了教授和博导的职位，不枉我超过 30 篇的 SCI／SSCI、四个省部级奖和五个国家级省级项目的成绩。纵观世界上人类学研究的舞台，咱们中国人的声音实在是太小、太弱，其中最大原因就是我们广大的学者没能在国际学术期刊上有一定的显示度，因此鄙人最大的心愿就是能至少为我们学院在国际人类学的学术舞台彰显中国人的成果，展示学术江湖之外的"非"人类学研究。

与他人相遇

——人类学的平凡之路

王彦芸

　　最初听到要写这篇自述，内心是纠结的，作为一个初出茅庐的年轻学人，我尚且还在继续探索可能性的阶段，自述难免单薄苍白，但也正是这样一个机会，我得以重新审视来时的路，才发现每一步竟然自有安排。

　　我的田野在都柳江，初识都柳江时，我只是一个旅行者。那时的我还是一个国际关系的大二本科生，并不知道人类学，只愿在旅途中看些好风景和奇怪的风土人情，2005 年暑假里我背着旅行包沿着都柳江游走，从上游贵州省黔南三都、黔东南榕江，直到下游从江，一路上对着青山绿水梯田木屋感叹不已。那个时候我带着人青春时总归有的迷茫，希望去到人迹罕至的地方，也不知为何，当时我觉得都柳江就是这么一个与世隔绝的地方，可是一边走，我却发现，原来都柳江是走不尽的。

　　那时的青春迷茫中有一部分也有专业的原因，就像每个人都有一个文化认同一样，我觉得每个人也有专业认同，国际关系本身很有意思，可是我却对"国家"这样一个单纯的概念不太满足，在那些表面力量的博弈之下，我很想知道隐藏在"国家"背后多样的人群、认同、宗教、社会究竟是怎样的，我不喜欢在天空俯瞰地球，我想了解的是真实的生活世界。这个时候我仍然不知道人类学，好在我就读的中山大学开了人类学公共选修课。我终于和人类学相遇了，用袁长庚的话来说，在中国现行的教育体制下，与人类学相遇是何其难得。

与此同时，我还选修了另一门关于口述历史的公选课，课上老师布置了一个作业，让我们对一个女性作个人生命史梳理，为了完成作业，我找到了我的外婆，后来我外婆给我寄了一封信，里面写满了整整六页她的人生经历，看了那些鲜活的故事，我震惊了，仿佛第一次认识她，也是第一次，我明白了"历史"并非纸上那些干巴巴的事件，也不是帝王将相的话语书写，而是真实的命运。

因着种种机缘，我决定了，要考研去中山大学人类学系，我认识了人类学系的张应强教授，研究方向是历史人类学，研究区域则是黔东南。才入人类学系，张老师跟我说，历史系那边正好有个历史人类学研讨班，我可以去旁听。我去了，一个字都听不懂。只记得学者们相互发问、回应、争吵，可是吵完了他们还很高兴。后来，我才慢慢懂得了，历史人类学对于"中国社会"的关怀同样是对"中国历史"不满意的追问，比如，明清社会是怎样的？这样的历史，包括了地方社会上的各种势力以及人群，如何在认同自身特性历史的同时，将地方社会整合到大一统的文化的历史，具体的人群又如何安身立命。在这些研究中所看到的不再是自上而下的整齐划一的历史表述，而是复杂的、细枝末节的、生动的祭祀活动、宗族祖先追溯、市场贸易、地方神祇的故事以及乡村仪式。后来我又陆续参加了这些学术活动，也曾追星族一般的追随着刘志伟老师、程美宝老师、黄应贵老师等等，了解他们的学术见解甚至人生经历，并感受着种种问题的刺激。

等我自己要开展研究的时候，张老师说"人类学研究要找到感觉"，为了让我找到感觉，张老师与师母亲自带领我跑了很多田野点，最后我又回到了都柳江。自此，我的硕士研究和博士研究都跟这条江分不开了。都柳江清代中期得以疏浚，这一河道随着中央王朝对苗疆腹地的征服，成为了连接珠江流域甚至沿海的重要通道，同时也带来了人与物的流动，在沿江形成了一些重要的商业集镇，我在贵州从江县八洛的田野点就是这样一些地方，我最初关注商业移民，关注既定时间中苗疆社会经都柳江河道与更广泛社会的联系，广东福建人从下游带来粤盐，又将上游的木材收购到下游转卖，经过几代人沉淀定居下来，与沿岸苗民侗民发生了很多有趣的故事，我的硕士论文梳理这一地方社会历史变迁过程。等完成了硕士研究之后，我记得跟廖迪生老师聊天时他问过我一个问题，他说如果说施坚雅的区域是特定地理条件下一天之内能够达到的市镇，河流的区域有什么不同？我回答说，我不知道。

这个问题在我博士田野中常常出现在我脑子里，倒不是因为我回答不上廖老师的问题，而是博士一年的田野，让我对地方社会有了更多的了解，或者说，田野待得越久，我对这一问题的回答越不那么肯定和清晰了。博士调查期间我住在沿江的一个侗寨木楼里，每天推开窗便是流淌的都柳江水，村中的侗族、隔江相望的客家聚落、高坡的苗寨，既保持着各自的文化特性与身份，又在日常生活交往中相互交织。历史似乎发生过，走在村寨里，至今仍能看到过去因人群往来流动遗留在寨子中的诸多庙宇错落安置，甚至成为了当下区域内共同信仰祭拜的对象；历史又像不曾发生，苗侗"款"组织之下的社会构成、人群分类、地方秩序，在变化的同时又似乎守着一套"秩序"与"规矩"。我在这些复杂交织又充满张力的故事和关系中游走，在时间中穿梭，试图以我的诚意去了解它。这种诚意便是极其谦虚的田野工作，在热闹的"花炮节"里参与酬神祭祀，坐着摩托车"拉风"地去高坡做客等等，通过这些日常的体验，甚至在矮餐桌的把酒言欢里、在人们过去与现在的对照中，"区域"、"地方"才慢慢突破了那些原有的地方社会想象和人群概念的限制，变得不再清晰，我也才读懂，什么是"人的区域"，区域的建构、地方文化的再创造与意义的再生产成为了我关注的重点，当区域不再被视为一个地理空间范围，而加入不同时间中不同人群的活动时，它变得复杂和丰富起来，只有通过人们层层叠叠的过去、实实在在的生活与灵动的精神世界，我们才得以接近与诠释，从而看到人们都如何理解自己和认识历史。

不过，直到今日，我仍然相信，人类学带给我最珍贵的，不仅仅是那些学术文本，而是超越自己熟悉世界的体验和难能可贵的个人成长，人类学之所以迷人，不在于堂吉诃德式的田野豪情，而在于与他人相遇，以及那些在人和人之间发生的，平凡但动人的情感交换。田野中的恩情与温暖，已是无法言说，2017 年我回到村中，因为生孩子的缘故，我已两年没有出现，我以为大家已经忘记了我，可是没想到，大家不仅能够说出我儿子的名字，询问他的近况，还替我记得，我生了小娃崽以后，还没有酬谢诸神，带着我买鸡鱼香烛纸，操持仪式，其中感动，无法言说，无以为报。

走进"香格里拉"

——我的人类学之路

吴银玲

2018 年 1 月 10 日，我的出站报告顺利通过了云南民族大学民族学博士后科研工作站组织的评审。也许这是我写给人类学以及引我入门的各位师友的第一封信。

在我博士后在站期间，同事经常说我是人类学"科班出生"。何谓科班出生呢，我只能将这句话理解为我一直接受的是人类学专业的训练。我是 2004 年进入中国政法大学读本科的，据说我是全班 39 个人中唯一一个第一志愿选社会学的人（当年老师们说的，我也没有求证过）。我记得自己第一篇读书报告写的是涂尔干的《宗教生活的基本形式》读后感。之后，我上了赵丙祥老师和梁永佳老师的课程，两位"男神"级别的老师对我进行了人类学的启蒙。我并不懂应该读什么书，于是赵丙祥老师在《社会人类学》课程上提到的书我都去看，看完问赵老师问题，他通常先骂我一顿——这本书有什么值得看的，之后再推荐一本与此相对应的名著。赵老师看我对礼物问题感兴趣，就启发我去思考彩礼嫁妆问题，于是我跑回安徽老家做农村调查，写了第一篇调查报告《火炉与尘土》，这应该是我第一次田野经历。刚好那时候学校组织了学术之星比赛，论文拿去参赛还获奖了。后来梁永佳老师指导我做毕业论文，写人民英雄纪念碑的建造过程，用了维克多·特纳的结构与反结构理论来套，我从他那里学到西学理论的重要性。

在我的整个求学过程中，我是很幸运的，由于大三就对人类学萌发了兴趣，所以赵丙祥、梁永佳两位老师推荐我去王铭铭老师门下。当时因为读《漂泊的洞察》这本书，觉得人类学家浪漫而知性，太有意思了。2008 年，我被保送进中央民族大学，跟随王老师学习人类学。当时我们在读书之余，主要进行文本研读的培养，我当时翻译并解读葛兰言的《中国人的宗教》，后来就根据这一文本做硕士论文。我从葛兰言的文本中，抠出"圣地"这样的关键词，去关注他研究不同阶段中国宗教的变化，最后归结出他对涂尔干宗教观的继承与反思。（2016 年，我放下了很长时间的葛兰言研究中了一项国家社科基金课题，因此我又将之拿起来进行推进。）在做硕士论文的同时，我也在准备考博。在考试之前，我只身前往夏河县的拉卜楞寺和青海的塔尔寺走了一圈，然后写了五万字的田野笔记交给王老师，王老师这才放心让我考他的博士。这一趟游走证明我应该可以做田野，王老师对博士的培养是要求一定要能进行田野调查的。进入北京大学社会学系之后，除了常规的读书，我很快就在老师的建议下定了题目，就是研究少数民族地区的城镇——中甸（现称香格里拉）。实际上，包括我的师兄夏希原研究的松潘，师妹翟淑平研究的巴塘在内，我们三个研究的都是藏彝走廊上的城镇，实际上形成了一定的对照，三本博士论文同时也是一项教育部课题的成果。

　　在 2012 年的 12 月份，我到香格里拉进行预调查。这里是高海拔地区，温差大，时间节奏与北京稍有区别。虽然水管天天被冻住，大中午才能用水，但独克宗城里仍然挺热闹。因为我在这里谁也不认识，就去搭讪客栈老板、黑车司机、酒吧老板……反正就是见谁都跑上前对话。我也跑去县政府、地方史志办等地方碰运气，后来在云南大学高志英教授的帮助下，联系上了当地党校校长史义老师，这才联系上香格里拉县志办的人。总之这次预调查发现，语言竟然相通，吃住也没问题，因此就决定来这里做田野。我回北京准备了开题报告，我说我要研究少数民族建造的城镇，这在以前的中国人类学学科中较为少见……只能说那时我年幼无知，事实证明我错得离谱。因为我一翻志书就发现，独克宗的城池是清军进驻时才修的，那可不是当地少数民族修的。总之 2013 年 6 月 15 日开题通过，第二天我就到了香格里拉。

　　田野最磨人的地方可能并不是每天都有新鲜事，相反，可能是日子每天都一样。第一个月，我因为在客栈认识一个喇嘛师傅的徒弟，得到一个访谈机会，于是就大胆地只身到了东旺大山里。我跑到喇嘛的修行地访谈了一位活佛，他的人生史、他参与重建香格里拉最大的寺院松赞林寺的前后事迹、他对藏传佛教的各种感悟……因为半山腰的修行地没有电，因此我每天要爬两个小时山去山顶的村子里给录音笔和相机充电。两周之后，我带着满满的录音文档和相片以及满腿不知被什么虫咬的包回了香格里拉。在县城，我跟人说我从东旺回来，他们都很惊讶，说那是出土匪的地方，路不好走。我倒是特别喜欢晚上从我睡的山洞往外看到的满天星空。浪漫的东旺之行之后，我在独克宗基本上就只能阅读文献，查查档案，看看新出的志书，去见不同的信息报道人间或被他们放鸽子，或者去松赞林寺参加法会，并没有特别实质的进展。于是我参加藏语培训班，和几岁的孩子一起学了两个月藏语。可是香格里拉人的汉语很好，当地藏语掺杂了纳西等很多族群的语言，因此类似于方言，而我学的是拉萨音，说了也不通，所以我蹩脚的藏语最终也没有用上。

在特别苦闷的时候我写邮件给王老师，他安慰我说，在田野里睡大觉都是做田野，已经很好了。我也给张亚辉师兄发邮件，他建议我关注寺院经济，可惜我最终也没有找到实质性的材料支撑。因此我开始在独克宗古城里面一家一家地走访，然后将口述的材料与史志材料进行比对。然后也将田野调查的范围拓展到江边车轴、三坝等地方，积极参与各种节庆和仪式，也结交了各类报道人，也经常到各处去蹭饭。我渐渐摸索到田野调查的门道了，然后也在王老师的推荐下参与了英国艾华（Harriet Evans）教授和罗兰（Michael Rowlands）教授的一个项目。结果，到了 2014 年 1 月 11 日，独克宗古城突遭大火，大火烧掉了这座古城三分之二的范围。我刚好在大火烧起来的头一天搬到了村子住，因此没有受到波及。但是我的研究视角受到了影响，对于独克宗的城镇史，我发现可以以当地历史上遭受的三次大火毁城来切入进行写作。

2014 年 6 月回到北大，我没有立即开始写作，因为不知道怎么安排自己的田野材料。直到快到当年年底，才开始着手，就单纯地以时间线索来进行独克宗城镇史梳理。我的同门高瑜跟我一起经历了博士论文答辩前的各种鸡飞狗跳。好在我们两人都于 2015 年 7 月按期毕业了，之后我在河北大学工作，她回到她研究的大理进入大理大学工作。我感觉我的田野仍然没有做完，因此我当年 11 月又进入云南民族大学民族学博士后科研流动站做博士后。2016 年 7 月我带着我的博士毕业论文回到香格里拉，送给我的信息报道人，请他们提批评意见，同时我又将田野拓展到松赞林寺边的村子小街子。

当下虽然博士后出站报告通过了，但是我仍然觉得田野没有做好，没有做完，也许田野就是做不完的。想想国外的人类学家多是深耕一块田野地点几年乃至十几年，我仍然继续做我的香格里拉田野就是了。时间匆匆，如果从 2007 年算起，我接触人类学已经过了 11 年，我进入王铭铭老师门下学习人类学已经十年。这十年来，是人类学教会我思考人生，思考未来，我的每一步前进都得益于人类学。每一个与人类学相遇的人都是幸运的。现在我也在自己的学校开设"社会人类学"的课程，我把自己从人类学学到的教给学生，仍然还是从"漂泊"中得到的"洞察"。

"做我喜欢的事，有人给发工资，最快乐莫过于此"：纪念我的导师 F. K. L. Chit Hlaing

张文义

一、从身体上感受到死亡

年初五，湖南。鞭炮声、麻将声、笑语声，驱散人身寒气，催大地回暖。同天，美国伊利诺伊香槟小镇，94 岁的导师于睡梦中与世长辞。师母，两儿子，两孙子守着。喧闹中，我第一次从身体上感受到死亡，这宇宙间最蓬勃的力量。说不出，只觉什么东西在身上，压着。屏幕上短短的一句话，连接着生的我，死的导师。

对于死亡，我并不陌生。小时候养过一只猫，有人给它喂了下过老鼠药的鱼，猫嚎了一夜。我在睡梦中感受着死亡，无能为力。那时，大理的冬夜很冷。此后，我再不养宠物，死亡逼近的感觉让人害怕。

两三岁时，奶奶去世。她卧病多年，一顿饭只吃几口。爸爸三兄弟，当时就只有他结了婚。奶奶烦时，老骂他们："就你们大口大口、大碗大碗吃饭……"可惜，我没什么记忆了。那时，在院子里玩，依稀感觉到奶奶在台阶上的目光。

弟弟和我由外公外婆带大。爸妈去卖菜，拖人力车去下关，十多公里，半夜三四点出发。前一晚把我和弟弟送外婆家，第二天下午接回。每天一大早，外婆在厨房忙，我们围着外公的小火炉。他烤茶叶，拿个小杯摇啊摇，盯着翻滚的茶叶，不时闻一下，满屋子茶叶焦香。冲上刚烧开的水，热气蒸腾，茶似乎雾化了，水面迅速布满水泡，带着烤茶的黑色，炭火的温度。

"小孩子不能喝的，很苦。"外公喝两杯，拉拉二胡，晒会儿太阳，再下地。他是村里洞经音乐会的，我们却不爱听他乐器的哭声。他会四五种乐器，我一个不会。

外公去世时，我读初中。当时，电视上放着社会运动的片子，很热闹。外公弥留之际，人们当面讨论身后之事。我年少无知，却也感觉外公的眼神是寂寞的。

此后，外婆常来我家。爸妈都在地里，她伴我读书，默默坐个把小时，然后回家，挂个拐杖，勾腰，低头，颤巍巍的。印象中，她都穿黑色或深蓝色衣服，远远看去，像个黑点，很清晰。

我拉着外婆："在这儿吃饭吧，我很快就做好了。"她挣扎着回去："儿子在，在女婿家吃饭，丢不起这个脸！"我不解，她好执拗。看到舅舅家人不管她，我跟妈妈说："把外婆接来家里住吧。"

"好啊，你跟外婆说。"妈妈说。她和爸爸交换一下眼神，似乎有点无奈。

下次外婆来，我高兴地跟她说。她往后缩了一下，拉着我的手，叹了口气，没进家门，折回去了。后面几天，外婆都没来。

我考上大学，走那天清早，外婆来送我。我紧张激动，第一次离开大理，顾不得跟她说话。临走，外婆从后面捉住我的手："孩子，你去了，就见不到外婆了。"

"外婆，我一个学期就回来了，很快的。"我说得很快，就像想象中的一个学期。

外婆没说话，拉着我。

"一个学期就回来了。"我沉浸在自己的幻想中。妈妈背过身去。

车子远去，后车窗中，爸爸、妈妈、外婆都成了黑点，模糊，不见。

大一生活，紧张新奇，山里娃进城，我想不起外婆，直到一天晚上梦见外婆走来说："孩子，我走了。"她说得很开心。

第二天一早都是课。中午，我冲到隔壁学校，追问表姐。

"外婆昨天走了。家里不让告诉你，怕影响学习。"

我有点恍惚，记不得当时怎么回的学校。多年以后，我有了家庭，才慢慢明白外婆和大人们，自己心肠却也刚硬了。社会比人心重要，我们认可社会，不从内心，失去对事物的感受，只记得目标。

大学第一年暑假中元节，我送纸钱到舅舅家，给外公外婆烧。家家户户都在烧，到处轻烟，袅袅不断，脚边全是纸屑，时时飞舞。走在路上，我耳边盘旋起以前的话，想起外婆送我上大学。那时，她什么心情？那些年，无意间读到"搴帷拜母河梁去，白发愁看泪眼枯。惨惨柴门风雪夜，此时有子不如无。"我想，我明白了。

飞快烧完纸，我逃也似的跑出来。舅妈在后面喊："这孩子，你要叫外公外婆来领啊，这乱烧的。"我当时只有一个念头，要做自己，让自己安心。为读想读的，我放弃物理光电材料，读人类学。硕士毕业，第一年申请美国没上，回云南四处打工，再申。读博，明明六年半可以毕业，偏弄满八年。回国，同龄人什么都齐全了，我继续经历人生的七零八落。但我是自己。

导师去世不久，国内一位老师夫人也去世了。我很难过，想起刚回国时，在她家讨论带孩子的事。一个多月，我无精打采，忧郁挥之不去。课上，跟学生说，心里难过，思路跟不上。讲着讲着，停住了，请博士生提前做分享。我走出了教室。

广州的春天，雨淅沥沥的，粘稠，上身，难去。

那年，经历好几位亲友的离世，有风中零落的感觉，像伊利诺伊的深秋，红叶如火，飘飘摇摇，在屋顶，积雪压着，路上，行人踏过……

二、人类学家的快乐

导师是人类学家，高高瘦瘦，一米九，喜欢在生活中发现微不足道的未知。

我到美国第一天，他带我走遍伊利诺伊校园。旷阔的大草坪，外面是一望无际的玉米地。这里是当年印第安人的领土，Illinois 是印第安部族的名字，最末 s 不发音。路边是几人抱不拢的大树。夏末，枝繁叶茂，房屋掩映其中，与国内绘本童话中的一样：壁炉，烟囱，浅褐色、淡黄色的砖墙，金发碧眼的小娃娃，说着我还不懂的英语，到处跑……那节奏、语调、神气，都是新的。从车站打车到校园，我跟司机说，香槟小镇好美。司机的回答，现在想想，就是国内常说的"呵呵"。

导师一路跟我聊天，遍及世界各地社会文化，从数学物理到语言学，还拿我做实验。一走出人类学系楼，他问我："哪边是东边？汉语中，白族语中，说方向时，常用顺序是东南西北，还是东西南北？"

我懵了，刚到第一天，还是阴天，顺序又为什么重要？

"有人新到一个地方很快就知道方向，从身体上知道。我就是这样，你不是，很多人都不这样。"他很得意，胡子一跳一跳地，拍了拍我肩膀。

后来学认知，学语言，才知道世界各地语言中大多有东南西北、前后左右等绝对或相对方位词汇，但人们表达方位时不假思索使用相对还是绝对词汇，是约定俗成的。城市生活规划整齐，不需要复杂的方位指示；在大海或森林中，东南西北关乎生命——树荫、水流、风向、星位、水的冷暖，都是方向。可惜，那时我分不清自己是城里人还是山里人。在大理，我不假思索，苍山在西边，是上，洱海在东边，是下。在昆明和北京，我习惯了地图上的东南西北。

我还在琢磨着校园的东南西北，他突然问我："霍金和彭罗斯争论时空本性，你赞同哪个？"这两位当代理论物理的领军人物，在中国也很火。

我还没回答，他抢着说："我跟彭罗斯通过信，建议他时间可以被空间化，两个事件间的时间实际等同于一种空间距离……"

我目瞪口呆。他抬头望天，右手半握拳，食指屈起，抵在额下，喃喃低语。

伊利诺伊的夏天很热，我们都拖着拖鞋，我额头冒汗，忍不住问："你怎么就懂这么多？"

"因为我活得比谁都长！"他欢呼着，几乎跳了起来。那年，他82岁。

当时，感觉我们的身高差一下拉更远了。我揉揉眼睛，往路边挪了两步。他挡住了我的视线。

走了两个多小时，回到他家，师母抱怨说："文义还在倒时差，带他走那么远干嘛？"

导师笑笑，像个做错事的孩子，一溜烟躲进书房："文义交给你了。"临走还朝我挥挥手："以后，你要做我的资料人。"

导师在办公室腾出一小片空间，让我安心读书。从此，他不时跟我说："听着，现在你是我的资料人。"一听这话，我就很紧张。

"你知道，英语没有量词，汉语一个词有时可用好几个量词。比如对'书'这个名词，本、册、卷三个量词有什么区别？"他身体前倾，用汉语说"书"字，第一声听来像第二声。

我愣了一下，天天用，从没想过。

他往后一靠，哈哈大笑："我知道你知道，但从没想过！"音量就像他的身高。隔壁老师受了惊吓，过来看看，说："克里斯几年没招生了，以前都很安静。"他原准备退休，不招生了，我是最后一个。

我从材质的角度回答：不同量词强调了书的卷轴或印册。他建议我感受量词带来的对书的不同感知，背后更是语言的独特思考方式。还举了另一个例子：汉语的"树"一音，给人扎根往下冲的感觉；英语的 tree，舒展开阔；法语的 arbre，枝条摇曳……我想起白族语中的树，稳稳站住的感觉，景颇语中的 hpung，大块木头的敦实感……对世界的不同感知，带来语言的不同气质和精神。

此前，我一直被索绪尔的语言学洗脑，相信音与义、能指与所指之间无必然关联。虽然，说话时，总能模糊感觉到语言的不同质地。旅居多年，我深切感受着语言的气质。伊利诺伊秋末天凉，清晨未醒，迷糊中听闻人语，不辨英汉，那节奏和韵律，不是从小熟识的，会带起莫名惆怅，想多睡一会儿。梦中，有家乡、父母和熟悉的声音。醒来，模糊变成了真切的英语，带点淡淡的悲凉。公交车上，听到前排妹子说四川话，激动地问她是不是从四川来。打电话回家，感慨在地球另一端遇到离家乡那么近的人。回国后，清晨睡梦中，听见人声，迷糊不辨英汉，却似曾相识，我开始怀念伊利诺伊那清冷的秋天，竟有点乡愁。

语言的气质，牵着我的心。导师说："理论不重要，都会错。

相信你对世界的感知，发展完善这种感知，就是你的理论。"多年以后，我才明白这就是研究的本意。寻找人群的精神气质，那触动心灵的东西，是当代人类学的追求。可能导师和我都没料到，博士毕业后，我离导师的学术路径越来越远。他顺着索绪尔、列维-斯特劳斯、乔姆斯基走向结构分析，我顺着梅洛-庞蒂走到本体论转向。他从心底拒绝后现代，我接纳这些挑战，寻求结构和情境的互衍。

时间长了，我也跟他说："现在，你是我的资料人。"拿美国社会的方方面面问他，尤其是让人迷糊的家庭关系；First cousin, second half cousin, 还有父母都离过婚，各自带孩子来重组家庭，孩子间却有了恋情，好复杂。他讲起各州的不同规定，以及不同时期的制度，让我感觉更复杂。在大一统的国度生活太久，我觉得美国社会像只变色龙，保不定什么时候就变了。他在美国近七十年，几乎什么都知道。好几次，他严肃地说："给你一个建议，不要像韩国人和日本人，到了美国，说韩国话日本话，吃韩国菜日本菜，住韩国日本社区，除了上课，基本不说英语……你是一个人类学家，在美国的生活就是田野。"

我努力让自己看起来不像日本人或韩国人。一次，参加幼儿园的父母培训，我一言不发，表情严肃，听一对中国夫妇问了好多问题。出门，我问他们："你们孩子也读三岁的早班?"

"啊，你是中国人，看你像个韩国人……"

事情总会出乎意料，我努力学习，不让自己呆傻。一天，师母开车，副驾上坐导师，我在后排。经过一个教堂，牌上写

"科学基督教"（Scientific Christianity），我问为什么基督教和科学走在一起。

"这是一群读书太多、读坏了脑袋的女人搞的，认为科学证明了《圣经》说的都正确……"导师头都没抬。

师母在开车，看了看导师的脑袋，顺带瞟了一眼我的头，没说话。师母是自由艺术家，信小乘佛教。多年前，曾用彩色玻璃做了一面墙，里面嵌一棵榕树。他们把"墙"带上飞机，万里迢迢，从美国到缅甸，送给导师当年出家的寺庙。路上，一片叶子的玻璃碎了，师母灵机一动，把叶子移到树冠下，如落叶飘摇。和尚们非常赞赏：这就是人生，师母有慧根。导师说："她很信的，当年我出家，得到她的许可。她给自己和家人积累了很多福祉。"

我做田野时，导师和师母带两孙子，14 岁和 7 岁，来田野看我，然后到缅甸，让他们在同一家寺庙出家两周。至今，两孙子剃光了头、穿着僧袍的照片还在导师家钢琴上。我每次看到，感受到他们的目光，似乎迷茫而忧郁。这两个白人和黑人的混血孩子，那么俊俏，光着头，好无辜。

好几次，我问导师："你信小乘佛教吗？"

"我是个科学家，本科学数学。别忘了，你是学物理的……"

在美国，好多人博士毕业后会慢慢反对导师，批判其理论和方法，走出自己的路。毕业多年，我研究 STS，喜爱科学，但不接受其唯一性；接纳宗教，但不入其仪式，喜欢看萨满跳大神，迷恋生命的不可言说与不可测度……我想结合科学与玄学，神经科学与中医，佛道与物理学。导师地下有知，将如何看我？我成了他一样的人类学家，却离开了他的道路和信念。

可能，人世轮回，相似精神气质的人一代代反复出现，各自走向不同未来，成就不同过去。有些人，初次见面，却似曾相识，甚有宿世纠葛的感觉。导师去世时，我在微信群里哀叹，学生安慰我："他来了，他走了，他还会来……"那时，哀伤似乎带上了宇宙的宿命，莽莽漠漠，浩浩渺渺。生命模糊脆弱，轮回不息，我们遇见精神祖先，延续灵魂血统……

三、如果人类学家的妻子是艺术家

很长一段时间，我都不太明白导师那微不足道的意趣，甚至有点烦。第一次感受到琐碎中的快乐，是看到他是个吃货。导师生在珠宝世家，家里总有很多剩菜。但大人不担心："给孩子吃吧！"小时候的导师，不声不响消灭着剩菜，有咀嚼的声音，快乐的心。

来美国后，系里每年聚餐一次，导师很高兴，每次都提醒我："明天不用带饭过来，有免费午餐。我要多吃点。"系里另一位胖胖的吃货老师，每次早早下楼，帮系秘书摆放桌椅，准备餐具，第一个开吃，端着来找导师："开始了！"

"谁说世上没有免费午餐！我每年吃一次。"下楼前，导师总说。我很不敬地想"傻呀！"低下头，怕目光暴露想法。拖延很久，我才下楼。系里爱定"唐朝"（当地中餐馆）的菜，淡然无味。我只好默默哀叹：美国人民没文化，算了。

导师办公室有个很大的塑料盒，装各种零食。"你可以随便吃，师母挑的，非常好吃。"我到美国第一周，导师就说。几年了，我都无法克服心中的罪恶感，没吃他的零食。这盒子一直提醒我，导师是老人，不能跟老人抢零食。

我怀疑导师找上师母，跟吃有关。师母是土生土长的美国人，和导师一起在缅甸钦人中做田野调查，他们第一个孩子就生在那里。钦人称呼母亲为 Nunu，回美国后，这就成了师母的名字：除导师外，所有人都叫她努努——俩儿子、儿媳、孙子、他们朋友、我们一家……她的车牌号也是 NUNU。

"所有人都叫她努努，你也叫努努吧。"导师第一天就说。

对我，努努两字还代表了家乡的味道。美国人爱甜食，一副上辈子没吃过糖的样子。我来自中国西南，无辣不欢。辣味聪明：香，游走奔放；清，润物无声；苦，丝丝甘爽……可惜，美国超市的墨西哥辣子，黑绿黑绿的，墩厚得像个土包子，傻辣，没味。每年，我都盼着努努做辣子酱。她自己种辣子，是我爸妈在大理种的那种，细细的，尖尖的，火红火红，像深秋壁炉中不时撩起的火苗。采下，洗净，在火上烤干，汁水雾化，无声地滋滋响。干辣子打成粉，切好蒜，一片片炸成金黄，再用这油炸辣子粉，至微微焦黑……

努努装好一瓶瓶辣子酱，导师在办公室打印好标签，一张张贴到瓶上。辣子微焦，蒜片金黄，油脂映着灯光。吃饭拌上一点，饭清甜，辣子微苦，蒜片香辣。"努努，你的辣子酱辣得不像辣子，香得很像辣子，到底怎么做的？"我每次都问。

她举起双手，在我眼前晃了晃："那是我的魔法！"哈哈大笑。

记得刚到她家第一天，晚饭后，她洗碗，我站旁边。她问我年龄，说"还是个孩子！"幸好是个孩子，我理直气壮，经常吃她的辣子酱。那些年，导师的学术还没入我心时，努努的辣子酱召唤了我。

努努和导师四处做田野，会做四五个国家的菜：泰国、缅甸、中国……每年感恩节和圣诞节，我们一家去努努家吃泰国菜、缅甸面、喝印度茶。他们家七个人，小儿子单身，跟他们住，大儿媳妇不爱做饭，一家四口都依靠努努。每天下午，努努慢悠悠地，放着有声小说，哼着歌，准备饭菜。定好闹钟，抽空还去楼下工作间做彩色玻璃。

我们很喜欢努努做的泰国烤肉。每年圣诞节，长方形餐桌上，导师坐首位，家人围坐两侧。努努在厨房一侧，不时起身添菜加汤。导师和长子讨论语言学问题。长子生在泰国，会泰语，曾在英国读语言学硕士。他俩的对话只有努努懂，英语混着泰语。导师还用缅语跟努努说，也只他俩懂。

"在我们家，你不知道下一句是用什么语言说出来。"导师不无得意。他会17门语言，我唯一安慰的是，他不会汉语和白族语。

那年，我儿子三岁，坐高凳里，面前一大块烤肉和泰国香米，努努已经细心地把肉切碎了。看着我那闷声吃肉的儿子，努努讲了个故事。一次，家里组织宴会，导师穿缅甸笼基，见到朋友的小女儿，蹲下用缅语打招呼。小女孩拒绝用缅语回答，用英语说："你就是个美国人，还装缅甸人！"

努努穿着美国人的衣服，走过来，用英语问候她，小女孩立马用缅语回答："你是缅甸人，我喜欢你。"

导师听了很郁闷。

一位埃及朋友也跟小女孩聊天，很开心。小女孩问："你哪儿来的？"

"埃及。"

小女孩愣了一下，追问："你是埃及来的？你还活着？"

埃及朋友莫名其妙，很肯定地说："当然，我还活着。"

小女孩沉默了一秒，突然尖叫着往后跳："妈妈，木乃伊活了，木乃伊活了！"

埃及朋友恍然大悟。美国博物馆常有木乃伊模型，在孩子心中，埃及人就是木乃伊。

大笑声中，儿子要求第二块烤肉。我和妻惊讶："往常，他不吃肉的！"我们强烈要求学习努努的魔法，此后，也常用这烤肉待客。

孩子吃完烤肉，到处跑，导师起身帮忙洗碗。努努安排我坐导师身边："问他一个问题。"因为导师总是说："问我一个问题，我给你一个演讲。"努努不喜欢导师洗碗，水哗哗哗流，溅得到处是。

努努洗完碗，和妻去看她收集的狮子雕塑，我孩子和导师俩孙子大呼小叫，在努努的工作间玩。导师小儿子喂完他的狗，准备出门找朋友，大儿子在看电视播放民科设计单摆震动传递的过程……我在听讲座。每年感恩节、圣诞节，努努的魔法都让生活有韵味，给琐碎添加意趣。

导师喜欢喝点酒。一天早晨，他一到办公室就开心地说，昨晚喝了 Ever Clear，酒如其名，清澈爽口。

我从不喝酒，就恭喜他："如果我喝了，脑子就再也不清楚了。"

他盯了我一秒钟，面无表情："恭喜你，英语有进步。"此后，再不跟我提酒。

学人类学最让我苦恼的是酒。酒通神、通人，到我这儿就断了。田野中，人们很能喝。在景颇山，一位老人曾找上我，很严肃地问："好几次听说你不喝酒，我总在想，为什么你不喝酒也可以做一个人。所以来看看。"在当地人看来，没有酒，不温不火，人生还有什么乐趣？

博士田野期间，导师夫妇带着孙子来看我。这是村里第一次来美国人。村公所专门开会，商议如何接待。提前一天，村里组织大扫除，房东还修好了厕所。

"先把照片给我们看看，免得到时认错人！"村干部说。

"他们是我们最尊贵的客人。小张，你放心计划，经费不够，我们村出。"村主任说。

厨师准备了六样特色菜：野菜汤、春菜（用牛肉干巴和辣子做成）、鬼鸡、竹筒烤鱼、牛肉套餐（用竹筒和芭蕉叶烤熟，或在炭灰中煨熟）、景颇水酒和炒野木耳。原汁原味，不用碗筷，都用芭蕉叶。房东三嫂在村厨师组，早早准备好了水腌菜和水酒。房东是村乐队队长，连续一周召集年轻人排练迎宾曲目，让我一遍一遍教他们：Ladies and gentlemen, welcome to China, welcome to Sama village。他们用景颇文记音，反复练习。

房东儿子在乐队，多次给我强调："张哥，要说得整齐响亮，才是我们景颇男儿！"

迎接必有酒。先水酒，后啤酒，再白酒，从中午一直到篝火晚会。象脚鼓一响，舞步迈开，酒就喝得快了。准备的喝完，村里禁卖白酒，人们黑夜骑摩托去隔壁村买。

导师大孙子 14 岁，第一次到中国，爱喝水酒，随到随干，觉得甜甜的，爽口快心。别人递来白酒，张口就喝，没几口，就摇摇晃晃离开了舞蹈大队伍，扶在栏杆上，多次叫我，说头晕。当时，房东在伴奏，我唱景颇歌。他晃过来，拉着我说："一定要转告她们，我觉得她们很漂亮！"电子琴声、鼓声、欢呼声、歌唱声，此起彼伏。人心飘动，所爱在外，我半天才弄明白，房东女儿和她伙伴给他敬了两次酒，他晕了。

夜深，导师一行去睡了，人们还围着篝火聊天。冬夜的景颇山很冷，粗大的木头烧得欢，发出"毕毕剥剥"声。人们一遍又一遍模仿大孙子的醉态。这个混血小男孩，美极了，还会喝酒，喝过后，说话让人心醉。

"就让他们相互赞美吧。"我一边开心，一边吐槽。酒不醉人人自醉，酒醉，心醉，感情就来了。我在田野一年多，他们一天不到，跟村民比我还熟。

第二天，导师教育孙子："看见漂亮姑娘，你先喝醉了，只会说胡话！"

导师还有这一面！教导孙子有风情。

导师会缅语和傣语，跟村里好多人交流顺畅："现在，我是你的翻译了！"他兴奋地说了又说，终于摆脱我这个蹩脚翻译了，把我打发给俩孙子。我悲催地发现，孙子的风情就是我的灾难。十四五岁的孩子，有躁动温柔的眼神，奔三的我，学的都是学术英语，让人抓狂。我的翻译应该是僵尸级别了吧。有时，田野的惆怅在于你不想知道又不得不去知道。

多年以后，僵尸翻译依旧是我的噩梦。导师去世，想写点什么，千言万语，不成句子。简单的生活，流动的生命，跳荡的瞬间，在学术画风中，一点点僵化。读书时，系里一位老师说，每个人类学家都该有个作家梦。我跟导师说，他撇撇嘴："我们思考，想清楚，自然就写出来了！"还安慰我："你的英语已慢慢开始有了一种风格，简洁、清晰。"

我自我陶醉着，直到他去世。我会简洁清晰以至僵硬，无优雅自如。导师地下有知，可能还说，是你没研究清楚。

我已无从跟他争论。研究，只是人世的一面。人，必有不可研究、无需研究的一面。我今天记得他的，不只是研究的内容，更是他活着的精神。

四、娶了一个男人能遇到的最好女人

努努让我明白，人有不可研究、无需研究的一面。像她的名字，无需知道它的钦人缘起，自然给人一种温暖。和妻一起初见努努刚结婚时的黑白照片，天然冷傲又莫名温暖，穿透五十多年的时光，轻触我们。那一刻，人间好美。

今天，努努八十多了。我和妻一次次感慨，努努就是我们见过的年纪越大越美的女人。妻跟努努是莫逆之交，彼此无需话语，一个眼神，一个动作，引动欢乐，爆发笑声，让我和导师莫名其妙。她们心心相惜，无声无言；我和导师"剑拔弩张"，话语纵横。每次，在我家、或他家，娴静的生命，总伴随诡辩的学术。争辩声中，导师督促我严谨，走向体系化的理论；潜移默化地，努努让我触摸生命如此鲜活、有尊严。

努努是自由艺术家，无论生活是否紧张痛苦，她都自如优雅、幽默风趣。我刚到美国，努努带着去租房，购买生活必需品。第一次出国，课本上的学术英语，到生活中只剩下烂熟于胸的字母：每个词、每句话都带着触目惊心的熟悉与陌生。

出国前，一位老师讲她当年知青下乡，自学国际音标，听《美国之音》，能读、能写、能说。到美国后，侃侃而谈，对方听得兴味盎然，积极回应，老师却听不懂了。每晚，脑中各种声音吵闹争执：熟悉的发音，全新的节奏、声调和韵律，各自为阵。直到三个月后某天，人们口中的音和自己脑中的记忆连起来、瞬间全通了。

那时，我兴奋中带着焦虑，期待那个瞬间。努努去过十多个国家，理解我的焦虑，但没说什么。到超市，她不时翻出一样东西，指给我看上面的"中国制造"。不同货物，不同包装，同样的字体和字母，同样的意思。四五次下来，努努说："中国就在你身边！"我开始有点心安。

努努有两个孙子。我刚到美国时，小孙子卡梅伦三岁，说着我听不懂的英语，粘着我，吃饭时总坐我腿上，讲各种故事。我茫然问努努。努努忍着笑："我也听不懂，你听他的感受和情感就好了，不用懂词句!"多年以后，我才明白，语言不只语义，更是说话者的感觉和情境。导师是语言学家，曾把我丢进语言系的课堂，跟他同事说："他会讲白族语，你帮他理一下语言的结构……"努努教我感受语言的情境。

努努一家都叫我文义，卡梅伦就叫我 Mr. Wenyi。他知道，要用尊称 Mr.。我刚到那几天，他从学校回来都跟着帮我安顿住处。努努带他去"大减价"，看到一个茶壶，他说："这个茶壶应该送给 Mr. Wenyi，他是中国人，爱喝茶。"我难得听懂他的话，好感动! 一年后，妻来了，卡梅伦四岁，叫她 Mrs. Wenyi。后来，我们孩子出生，变成了他口中的 baby Wenyi。

我做博士论文田野时，卡梅伦七岁，跟着导师夫妇第一次来中国，见什么都新鲜，尤其是房东家的鸡。在美国，除一两只宠物鸡和餐桌上的鸡肉外，他没见过屋里屋外跑的鸡。景颇山的母鸡带着一窝窝小鸡，进出客厅、厨房、卧室，旁若无人，却不时因人而惊起。每次吃饭，卡梅伦都撒饭喂鸡，身边聚集一窝窝小鸡。刚开始，他和小鸡都吃得开心。可总有小鸡边吃边拉，他气坏了，起身赶小鸡，满院子跑。吃完饭，小鸡进了堂屋，他堵在门口，嘴里呵呵有声，摆出各种自认凶残的动作。小鸡四处窜，冲向透明玻璃门，扑腾翅膀飞起，撞门上，倒摔而回，爬起，满屋疯跑一圈，找另一处玻璃门，飞起，撞回……一时间，孩子的呵斥声，鸡的尖叫声，翅膀的扑腾声，此起彼伏，满屋子尘土飞扬。卡梅伦不停大叫："它们太蠢了! 它们太蠢了!"小鸡一紧张，到处便便，屋里充满各种臭味。卡梅伦高兴着，生气着，追得更起劲。

同时间，院里很安静。导师、大孙子布兰登和我聊天，讨论我的第一本书。布兰登 11 岁，说如果书出版了，他要买一本，虽然看不懂，但我可以得到买书的钱。他讨论学术出版，很高端，鄙视着他的傻弟弟，鸡都没见过，还跟鸡玩那么开心。努努坐旁边，听我们聊天，看小孙子追鸡，保证他不伤到鸡。等卡梅伦累了，放过小鸡，她起身打扫堂屋，教导卡梅伦爱护小生命。

现在，快十年了，卡梅伦读着高中，已忘了小鸡，布兰登在法学院准备毕业，导师去了天国，努努守着老房子，我在写书，吹毛求疵……

在美第三年，我们成了准父母，第一次孕育新生命，激动而惶恐。父母远在中国，大事小事有努努提前告知、及时指导。在医院，妻疼得直冒冷汗，努努握着她的手，摸摸她的脸庞，跟护士说："这个可怜的准妈妈，自己要做妈妈了，她妈妈却远在地球那一端，不能来陪。我在这里就是孩子的外婆，代表她的妈妈陪她。"

孩子出生，已是深夜十二点多了，努努在医院陪了我们超过十二小时，精疲力尽。我请她回去休息。她吻了妻的额头和孩子的脸颊，要给家人带去好消息。我们在医院五天，她每天都来："你们刚有新家庭成员，会感觉世界突然陌生了。我天天来，帮你们重新熟悉。"是的，整个世界都变了。一切生活细节和想法，因孩子而变，虽然，那时我们还只感到精神的亢奋焦虑、身体的疲惫，以及内心的迷茫。

努努抱起孩子，握着他的小手，说："你是多么可爱呀！"妻和我相视而笑，虽已习惯美国人对孩子的夸张，也还有点温柔的担心、甜蜜的喜悦。

从医院回家，导师带两个孙子来。他看了一眼婴儿车中的孩子，知道是个男孩，叫安东尼，就心满意足，给我讲了这个名字的意义，然后说："我要去办公室了，正在写一篇很重要的论文。"

后来，我们带孩子回国，再到美国，各种晚点，凌晨一点多才到香槟小镇。努努从晚上九点多一直等在车站："我要第一时间看到安东尼，看到你们！"

多年了，不论在美国还是中国，妻多次跟我说，如果努努还年轻，我们一起旅行，一起变老，该多好！她总说"好爱努努！"我由衷点头。

第二次回国，孩子已五岁，一次听到妈妈这么说，一下就很伤心："好想念努努！"睡前，我们一起看他最喜欢的科学书，里面讲到地球运动，四季轮回，昼夜交替。翻到那一页，孩子总指着地球的另一端，说"现在，努努起床了……"

时光流转，生命轮回，时光深处的记忆就在今天，我们只活在现在，过去就在现在，未来就在现在。

五、人类学家怎么可以不老？

常常意识不到导师和努努是老人。他们住中国时，在六楼，导师一手一个大箱子，我在后面双手提一个，追得气喘吁吁。

那天回家，我开始深切担忧自己的"年轻"。在美国，时有学生回校拜访，有的已毕业三四十年。每次，导师都非常高兴，跟我说，人们回到系里，发现他还在，惊讶而欣慰。"我比泥土还老！"他总结说，眼里光芒四射，生气蓬勃。

老年，对我完全陌生，虽然有时也感觉得到。读博，有看不完的材料，写不完的作业，经常熬夜。时间长了，我也暂时进入老年期，爱忘事。忙乱中，经导师提醒，我拍拍额头："我正在变老！"

导师翻了个白眼。那年，他84，我27。十多年了，我一直记得那眼神，揣摩他当时的心理：怎么收了这么个学生？

导师爱开玩笑。公历新年，他用英语问候朋友；中国年，他让我打一句汉语，如恭喜发财，问候中国朋友；傣历年，他拿把小水枪，到办公室扫射，在大家措手不及中，祝贺新年。他每年过三次新年，快乐地跟自己和别人开玩笑。玩笑让习以为常带上新意味，把我们从历史和日常的绑架中暂时解脱出来。

课堂上，他喜欢讲田野的奇异故事，因缘际会下的人生遭遇。他早年在缅甸钦人中做田野。钦人有孩子后，父母不再称名，而称孩子爸、孩子妈。当时，村里一男子终生未婚，无子，大家只好叫他 No name pa（pa 是钦语中父亲）。当地女人穿筒裙，努努穿长裤进入田野，一开始被当成男人。人们觉得导师他们俩男人住一起，也没什么大不了，但后来，两人居然生了孩子，让大家很惊讶。不过，导师和努努也就顺理成章升级，成为 Maki 爸爸，Maki 妈妈（Maki 是他们大儿子的钦人名）。

　　他们抱着孩子出入各家，跟人们日渐亲密。闲聊中，钦人男子说："孩子不是人。"每次讲到这里，导师都教导我，一定要钻牛角尖，才能明白人们怎么想。他追问："如果孩子不是人，那能不能像狗一样丢到外面去，不管他吃饭睡觉？"这时，他就比出抱着孩子向后缩的姿势，表示钦人很生气："这是我的孩子！"争辩中，导师明白，孩子要长到一定年龄、经历特定仪式后，才是社会认可的人。

　　努努知道导师反复讲这故事，怕我中邪，就说在她和她的钦人姐妹看来，这群男人就是吃饱了没事干：孩子就是孩子，就是人，非要给自己一套骗人的言论。每次导师跟人争辩，她都抱孩子走开。后来，男人们知道了女人的想法，很生气。几次争辩后，努努爆发了："不要以为你们男人身上比女人多了一个零件，就总以为自己是对的。孩子是我们生的！你们生一个出来，再讲孩子不是人的话！"

　　这时，我就想起导师说过："不要惹努努生气，后果很严重！"

　　田野中，导师一家被视为和当地头人一样尊贵，尤其导师牛高马大，小胡子挺挺的，很威风。当地头人给他们配了仆人负责家务。仆人和头人家女仆相好，致孕。按习俗需到头人家商议赔偿，再婚娶。导师想，仆人和女仆，就算赔偿，也小意思，信心满满进了头人家。

　　头人第一句话就定下了基调："我家出来的，即便是一只猫一条狗，也是尊贵的。"要求按头人家的规格赔偿。导师和他争辩了很久，头人最后将了一军："你也是头人，我丢脸，你也会丢脸的。"导师垂头丧气，回家教训仆人，准备猪和牛。

每年雨季前，头人带全村求雨，敲锣打鼓，呼喊跳跃，以求震动土地，震动云层。人们说，天地动，就有雨。那时，导师刚学完数学本科，觉得这匪夷所思。马上就雨季，雨自然就来，求不求有什么关系。他跟祭司争辩，讲大气运动原理。

祭司很耐心地听完，说："你说的很有道理，我相信事情就是你说的那样子，时间到了雨就会来。"

"那为什么还求雨？"

"求过雨，我们心安理得，顺便告诉大地母亲，我们做了该做的，现在轮到她了。如果她不按时下雨，那不是我们的错。"

导师目瞪口呆：人真会安慰自己。

后来，导师对人类学了解越深，就越发感悟人就是会骗自己，不骗还不安心。世界混沌、无限、荒谬。文化和社会化荒谬为常态。人躲在文化后面，隔开神秘，因文化而有力，也因文化而固化，不再感知无限，并对此无知心安理得。

这些故事，导师年年讲，我都能复述。后来，大师兄来访，说他也能复述。慢慢地，我因重复而烦，但次数多了，关注点就从故事转向导师。他眼神热切，全身心投入，身体和精神都在重演着故事。讲述，让过去在现在重生。几十年的时光，上万里的空间，似乎在他身上消逝，人和事活了起来，就在当下。

人类学家，以自身的有限，经历无数他人的生活，自我与他人相互碰撞。抽离出来，又走出时光，看到生命起起伏伏，获得解脱，看到自己，也忘了自己。博尔赫斯说，西班牙语的"醒来"一词，原意就是"想起自己"。投入抽离中，自我生生灭灭，如潮起潮落，又不生不灭，人类学家因此多长寿。我想起大理苍山无为寺的一幅对联：

"海水涌金波潮去潮来不生不灭，会台悬玉镜鉴古鉴今是色是空。"

六、怎样培养一个人类学家？

读博八年，我学到什么，或给自己塑造了什么？林林总总，能想出好多，但少了心魂中点亮一盏灯的感觉。毕业开始教学，站到教室另一端，跳出学生视角，也结合读书时的感悟和眼前学生的实际，我开始明白，学生容易陷在自己的世界中，不太清楚学到什么，而老师过于关心如何培养一个人类学家。导师去世，一瞬间有种抽离感，觉得自己不再是学生或老师，跳出来了，又带着他们的经验。此后一年多，我慢慢感受自己在田野、思考和教学中不自觉渗透出来的东西。

最先想起的是我到美国第一天导师说的话："你决定做人类学，就不只是我的学生，是我年轻的同行。"十多年过去了，我慢慢明白教育是把学科带到新生命面前，碰撞交织，衍化无穷意味与知识，而不是简单地给学生教授旧知识。导师说，这是当大学老师最让人兴奋的地方。他的办公室向来敞开，欢迎学生来谈。我在他办公室，也改变着他。他否认集体记忆，我用景颇案例阐述集体记忆的流传，直至他接受。毕业答辩上，他感谢我让他明白这点。以前，他都跟大陆学生激烈争辩马克思主义教条，旷日持久，却收效甚微。我来了，他撸起袖子，准备打持久战。没想，我根本没老马的影子。学完物理，世界在我眼中演绎无穷，秩序与混沌相生相衍。他打到了空处。

毕业前夕，他说曾郁闷了一阵子，一度怀疑我是否在大陆上过学。与老马的决定论斗争，他经验丰富，最后一个学生，却让他无用武之地。

我问他："你不高兴吗？"

他沉默几秒钟，说："对，我高兴。"眼中泛起点点寂寞。那时，他已不上课了，最后一个弟子也要走了。真要关门了。

在这氛围中，我学会了三件事：大量读民族志、写作和大人类学的视野。

博士前四年，集中训练读民族志。修四门区域研究课，包括自己研究的和自己研究之外的区域，探讨其中社会文化的所有层面，并将之置入时代和全球背景中。博士资格考试时中有一道题，要求综述自己研究区域的民族志。我选修了中国、南亚、拉美和东南亚区域课，在我研究的云南看到东亚、南亚、东南亚的观念、历史的融汇，并在大洋彼岸的拉美看到相似与差异。此外，修 16 门专题课，以特定主题串世界各地的民族志。读民族志，刚开始烦，陷在细节与社会文化整体的纠缠中，读完不明白学到什么。一本本读完，无声无息中，却能触摸人类可能的文化创造与生活面貌，在匪夷所思中感受人的统一；更关键地，学会在具体历史情境和实际生活场景中理解活生生的人，而非理念和体系下被规范，或形象和意象中被呈现的人。

导师的教学方式也强化着这一点："上课时，千万不要认为你在教一个叫课堂的东西，你在跟一个个鲜活的个体对话。"他给本科生上"文化人类学理论"和"东南亚社会与文化"，我做助教。他抛开理论派别，从社会现象引出人类学的思想和方法。学生有非常喜欢的，也有接受不了的。有一年，给研究生开"亲属制度的形式分析"，只两人选。每次上课，我们提一个问题，然后从各角度分析。一学期下来，没学到什么具体理论与方法，却知道了面对一个问题该如何推进，会遭遇什么困难，以及如何应对他人的质疑与挑战。这样的教学接受、触摸、探讨多样世界，看到它们具体入微地嵌入世界体系和个体生活。每个人都带着自己由来的世界，学生有老师想不到的创意。上课不是把大纲上完，而是创造条件，让学科与学生碰撞，激发探索。虽然，课堂不知会"飞"到哪儿，进度诡异，但我们会被课上冒出的问题吸引，在该展开的地方用力，敦促思考。上完课，学生能快乐地用学科发现生活和世界的规则与乐趣。

我博士最后一年时，导师不再教学。同门大师兄，毕业四十多年了，回来看他。闲聊中，导师说很想念教学。在课堂上，他会感觉自己和别人都是活的。

毕业从教，我延续与拓展这种风格。课程有严格、宏大、精致的体系，但具体传达随学生的接受和热情而变。我努力理解学生，把体系化入到他们的日常关注，拒绝简单明了的小白菜式逻辑。我不想上完课后，脑回路都直了。可惜，我没法延续基于民族志的培养方式。国内博士三年制，还有大量公共课程，学生民族志都不会读，就下田野，然后写民族志。我只能说，三年完成当代人类学的民族志研究，要么是天才，要么是骗子。

我听到了，很多人在骂我。

田野回来，训练重点转向口头和书面表述：参加会议，即时、优雅、严密地论辩、质疑和回应，同时写论文和求职信。口头表述的最低要求是清晰简洁，这对非英语母语的人很困难。导师建议，陈述时根据自己每分钟的说话字数，减一二十字，乘以给定分钟数（减去一两分钟），严格控制字数，完整表达论点和论据。"非英语母语的，容易说很多不该说的，该说的没来得及说。"他反复给我强调。

年轻人的专业陈述，首先不是阐明论点，而是展示学者的素养：根据情境，能完整传达想法；之后才是有效传达，展现作者风格，关注听众的兴趣与热情，带动气氛。表达，不只把意思说清，更要直击人心，让人从逻辑和情感上接受。人类学的研究，讲好一个故事，做好一个论证。导师说："听到的和读到的效果很不一样，你要让听众清醒地激动起来。"

我一直都没做到，要么太理性，步步推演，但听众注意力很快涣散，要么充满诗意，让人在感觉和情绪的氛围中心潮澎湃，迷失重点。让我忧伤的是，从教以来，我在课上看到学生不断重复错误：超时；该说的没说，不该说的一大堆；缺乏生气和热情……学生和我都很抓狂，怎样才能做到？依照模板，没了风采，太有性格，容易枝蔓。

相对而言，写作是博士生每天都面对的。从入学开始，我的每篇文章，导师都逐字逐句改，要求简洁、精确。他还用亲身经历来教导我。他出生在缅甸珠宝世家，十八岁前都不去学校，有私人家教。来美国第一次进学校，他心中疑惑，为什么这么多人一起上课？他父亲弃商从文，当律师，说一口纯正英语，听到儿子的印度英语，几乎崩溃，就用法律文本教他英语。从此，导师写东西逻辑绵密，却冗长繁琐。等他意识到，已是几十年后，积习深重，只好寄希望于学生改变。几年下来，他说我形成了学术英语的风格，可让人舒畅地读下去，虽然还有细微的语法和词汇错误。"但是，我预测，你可能永远无法精确使用 the 和 a/an。"他没法跟我解释清楚，需要我培养对英语的感觉。

读博期间，我是双导师制。另一位导师凯勒曾担任人类学三个最好杂志的编辑十多年。我论文初稿一学期写完，却在她手里连改七八稿，花了五个学期。她要求我不仅说清楚论点，还要呈现出一种文字的风格："风格，说到底是具体的字词，词句的衔接，甚至是标点。"她多次教导我。

我论文前几稿，都用第三人称转述资料。她说："让人在文字中自我呈现。你不要站在外面素描他们。"我因此被要求读英文文学作品。花了一两年时间，我慢慢明白，让人物自己呈现，要求精确用词，让人物从字面跳起，还要把握语气语调，呈现话语和行为的节奏，让人物在字面流转。

为锤炼写作，两位导师特意安排我给本科生英语写作课做助教，教美国学生写英文。他们说："你的英语可以教母语的学生。希望你能跳出来，看到自己的写作。"

毕业多年，我明白这是极高的文字境界，以超越母语的文字感觉，书写世界那超脱文字的感觉。幸好当时我比较傻，没明白，不然可能会放弃。那时，一门心思写，找准确的词，锤炼每句话，衔接句子和段落。知而不知，是一种幸运。知而不知，写不见写，模糊又清晰，我在里面待了五六年。

之后，我给本科生上民族志写作课，突然明白，民族志要带读者进入情境，让他们热烈跟随，进入人类学家构建的精致体系。有时，学术写作什么都说清楚了，以至透明，丧失韵味，理性得愚蠢。我也明白，凯勒导师说我在外面素描，是因为我的民族志质感描写少，客观叙述多，拒绝情感和感官，不带读者进情境，只把细节整合成体系。

此后，我给自己和学生培养一个理念：学术论文，只是一种文字形式；人类学家有无限丰富的想法，多彩绚烂的经验，不要封死在单一论文体中。人类学生，可以不做人类学，但要写有人类学味的文字。学会写，是培养一个人类学家的关键。

努力了几年，我有点泄气，没法在学生中培养和延续这样的写作传统。经历高考，加上大学拼贴式的学术写作，学生的中文经常文句不通，英语甚至需要重译回汉语才读得懂。达意都成问题，谈何风格与审美。

伴随着读和写，我几乎复制了人类学的发展历程。本科，惊讶于他者的匪夷所思，在异文化中流连忘返；硕士，看到理性清明的人类学，惊叹人类的无限与统一；博士，体会完整的人的形象，整合生物与社会、科学与人文。在国内的学习，我偏重社会的构成与运转，建构概念的体系，努力看到森林；到美国后，浸着后现代的余波，我试图看到树木，一个个鲜活的主体。读博八年，我亲历了各种分裂：结构和主体，科学的体系与人文的质感……我博士论文结合混沌科学与人类学，探讨知识如何在现实生活中交织演变，在混乱中生成共识，又奔溃流入混乱。两位导师，一位偏科学，一位偏人文，随时敦促我弥合撕裂，调和论文的走向。直到毕业，系里另一位老师说："我是一个典型的人文主义者，但文义说服了我他的科学取向。"那一瞬间，感觉努力都值了，也似乎，我真的弥合了分裂。

毕业回国，分裂又开始了。我的学生只做结构研究。第一年，我无知无畏，答辩时当着全系资深教授和研究生的面说："21世纪了，不要再做1922年的民族志了！"从此，我名声烂了，系里开始传言，某留美博士……我被扣上了后现代的帽子。可惜，我过于后知后觉，还跟学生论辩，强调人类学就是自己，从自己来触摸世界和社会，经历内在的转变过程。于是，传言也在本科生中流转，生命经验和具身化成为调侃我的梗。

每年带本科生实习，希望他们在田野中找到心中最美的人类学。我慢慢感觉到，田野的难点在于，学生容易迷失在无限细节中，要么没有社会的感觉，要么太社会，失去了人。在自己的田野中，我试图连接活泼灵动的人的感觉、情感、言语和严格残酷的社会结构。为写博士论文，我做了18个月田野，感受到多元矛盾的调和。带着自己生命世界的质感，触碰别人的世界，我经历着人性与世界的交织。我也看到，美国这些年的新科博士论文，以及期刊杂志中，人类学家的自我中心感越来越强，以至世界隐没在主体中。

可能，我过于强调人了，矫枉过正。第三年带实习时，我设计了一些小技巧，希望学生同时抓人和社会。我们写故事文本、材料文本和反思，记录动心、震撼、痛苦、迷茫的瞬间，且分门别类记录整理当地社会事实和历史，用反思连接二者。田野回来，整合两个文本，书写波澜壮阔历史中回肠荡气的生命经验。联系两文本的方式，衔接了故事与结构、情境与体系、人性与社会。然后，传言又开始了，说我风格大变，把大家撕扯得厉害。田野回来，每个人都很分裂。我请学生去社会学班分享田野，社会学生一开始就懵了，这么乱；细想，撕扯中，分享的人似乎触到了什么，跟已熟悉的都不同。

导师把我培养成了人类学家，毕业，我给自己挂了各种传言。我眼中的人类学，伟大而可爱，别人眼中的我和人类学，分裂而飘忽。

七、掀起人类学家的底牌

导师中文名莱曼，缅甸名 U Chitlaing，英文名 F. K. Lehman，晚年论著多署 F. K. L. Chitlaing。本科学数学，辅修语言学，后获哥伦比亚大学人类学博士学位。有六门母语，共习得 17 门语言。受聘于伊利诺伊大学香槟校区人类学系、语言学系和认知科学中心近六十年。他的思考和研究都基于田野，曾在东亚、东南亚和南亚五十多个点做过人类学和语言学调查。

导师似乎为研究而生。他说："别人总担心评职称，为完成目标而努力。我做喜欢的研究，文章和教学就是附带的结果，自然而然就完成了。"他给学生心中建立一种对知识的热忱，以及把研究化入生活的方式。人们常说，掀起一个学者的底牌，会看见各种虚假与脆弱。掀起导师的底牌，我看到他的整个世界，有理念，有事实，更有含混的世界本身。

他入职时，人类学中结构主义蒸蒸日上，此后，诠释学派席卷人文社科，伴随着后现代，人类学掀起反科学的浪潮，逐渐丧失科学与人文之间的平衡。导师守住语言学的结构追求，立足田野和跨文化区域研究，探讨中缅多民族的社会关系网络，如早期克钦人（中国境内的景颇人）受马帮贸易影响产生的政治制度变迁（1989），以及今天中缅边境贸易中傣人、佤人扮演的文化掮客（cultural broker）的角色（2009）。九十年代以来，人类学家探讨全球体系下普通人的日常生活，既继承后现代的无限细节和丰富质感，也延续传统人类学的逻辑和结构。导师在生活表象的细节背后，探讨区域政治经济和共享的历史塑造的社会文化形式。他的两篇论文曾在东南亚研究中引起强烈反响。学者两次召开会议，应用和拓展他的思想（1995, 2003）。更广泛地，他的思考和研究走出了人类学和语言学的范畴。他对社会秩序和结构的探讨基于认知，从计算科学的角度，结合数学的形式逻辑与人类学的意义诠释（1985），寻求认知在语言和文化实践上的统一与多样，既体现在民族志个案中（1993），也表达在统一的认知模式上（2002）。

爱因斯坦把理论分为原理性的和构造性的，前者探讨超越现象、引导思考的原则，后者寻求具体现象领域的规律。只有少数几个人类学理论是原理性的：结构主义曾是最完善的；今天的协同进化论通向人的整体性。骨子里面，导师是结构主义的，目标是原理性理论。我读博期间，我们曾讨论哥德尔定理（集合中包涵不能被其规则解释的元素），认为社会不能简单从一个逻辑原点出发来解释（2004），生命和社会有不可被逻辑处理的部分。20 世纪以来，不同学科都探讨这逻辑与偶然、秩序与混乱、可言说与不可言说之间的关系。量子力学有测不准原理，数学物理有混沌理论，生物学有基因及其表达的不确定性，进化论有创造性和选择性进化。进入 21 世纪，人类学的本体论转向关注生活世界中秩序与偶然的结合，配合着自然和生物的机制（协同进化论），理解人类的整体。正如哲学家波普尔所说，生命不是一块钟表，是一片云。

美国人类学惯于追求新异，常对根本问题绝缘。学科创始人提出的基本问题，被后人异化，编入各种二元对立，导致先天不足，后天失调。我既认同美国人类学理解人类整体的宏大目标，也拒绝其偏执与单一的具体取向。可惜，20 世纪 90 年代以来，人类学被后现代冲得七零八落，迷失于民族志细节和个体生命的鲜活，几乎放弃了人类学。学人类学，既不能陷在文化和意义里面，也不能只考虑进化和生态，需兼容文理。新一代人类学家，多缺乏科学训练，迷失在人文话语中，导致人类学有强大精致的内部视角和投入体验，缺乏有效的外部视角和系统探索。

数十年来，导师坚持学习数学物理。每天，早餐后在家读一小时科学，到办公室做人类学和语言学，晚上回家读文学。我跟着读书，被科学与世界文化体系的对话吸引：来自量子力学、相对论、基因表观学和神经科学的洞见与古老文化传统中意识修证、天人交感的生命实践之间的交流。我期待人类学在其中扮演"人类之学"的作用，整合科学与人文、感性与理性、可言说与不可言说，回归学科创立之初的宗旨：理解人的整体，探讨人之为人的意味和机制。今天的人类学，太人文，太社科了。

导师是寂寞的。系里年轻人多了，带着后现代的批判和偏执，没人跟他交流。他的路，尤其从数学角度描述世界，已没人走了。他给我读过好多数学人类学，但这不是我的路。我爱结构主义，却走向实践论，相信超验与经验可以穿透，模型反遮蔽了超验。导师感受和理解着生活的无限表象和质地，探求世界机理，却牺牲了质地。我希望机理中保留质地。

导师的具体道路没人接了，但他的精神和理念一直延续。冠盖满京华，斯人独憔悴。站在时光之后，我看到了他的孤寂，也看到了自己的影子。

导师代表作：

1985 Cognition and Computation, in Janet W. D. Dougherty, ed., *Directions in Cognitive Anthropology*. pp. 19–48 Urbana：University of Illinois Press.

1989 Internal Inflationary Pressures in the Prestige Economy of the Feast-of-Merit Complex：The Chin and Kachin Cases from Upper Burma. pp. 89–102 in Susan D. Russell, ed., *Ritual Power, and Economy：Upland-Lowland Contrasts in Mainland*

Southeast Asia. DeKalb: Northern Illinois University.

1993　（Janet D. Keller and F. K. Lehman）Computational Complexity in the Cognitive Modelling of Cosmological Ideas, pp. 74 – 92 in Pascal Boyer, ed., *Cognitive Aspects of Religious Symbolism*. Cambridge University Press.

1995　Can God be Coerced? — Structural Correlates of Merit and Blessing in Some Religions of South East Asia. pp. 20 – 51 in *Blessing and Merit in Mainland Southeast Asia in Comparative Perspective*, edited by Cornelia Ann Kammerer and Nicola Tannenbaum. Yale University Southeast Program, Monograph #45.

2002　（F. K. Lehman and David J. Herdrich）On the Relevance of Point Fields for Spatiality in Oceania. *Pacific Linguistics*, special issue, 179 – 197.

2003　The Relevance of the Founders' Cult for Understanding the Political Systems of the Peoples of Northern South East Asia and its Chinese Borderlands, pp. 15 – 39 in Nicola Tannenbaum and Cornelia A. Kammerer, eds. *Founders' Cults in Southeast Asia: Ancestors, Polity, and Identity*, New Haven: Monograph 52, Yale University Southeast Asia Program.

2004　On the "Globality Hypothesis" about Social /Cultural Structure An Algebraic Solution. *Cybernetics and Systems* 36, 8 （Special Issue on Cultural Systems）: 803 – 816

2009　The Central Position Of The Shan /Tai Buddhism For The Sociopolitical Development Of Wa And Kayah Peoples. *Journal of Contemporary Buddhism* 10，1：17 - 30.

八、生命总在错失，我们在错失中成为自己

　　毕业典礼上，导师最后一次给学生拨博士帽的流苏。我看他手一直发抖，心中涌起深沉的担忧。想起 2003 年，我第一次到美国，导师和努努开车三小时来机场接我。飞机晚点，我在巨大的芝加哥机场迷路，他们在机场等了两小时，我们没碰上。2016 年，导师去世，我用中文回忆纪念，导师不懂中文。不懂，是导师精神在他之外的延续。

　　生命总在错失，我们在错失中成为自己。我不时给学生讲导师的故事。生命和精神在讲述中延续，演绎流变，生出新的意味。讲述中，我与他的道路不时重合，不时偏离。走上学术人生，我找到自己的精神血统，在具体演绎中，我一次次与精神血统错位，逐渐成为自己。法国哲学家列斐伏尔说，我们被市场牢牢控制，但生活随机产生微小"瞬间"，以强烈情绪冲击，把人打出习以为常。熟悉变得陌生，人开始反思自己如何被控制，微调生活轨迹。几十年下来，社会的逻辑和生活的随机把你塑造成独特自我。如基督教的上帝和恶魔，上帝是结构，让人向上，恶魔随机出现，诱人犯错。上帝无处不在，对所有人一视同仁，恶魔随机发放各种福利，福利有好有坏，因人而异。二者结合，个体生动鲜活。

　　我想起爪哇的一首歌谣：

We have lived to see a time without order

In which everyone is confused in his mind.

One cannot bear to join in the madness,

But if he does not do so

He will not share in the spoils,

And will starve as a result.

Yes, God; wrong is wrong:

Happy are those who forget,

Happier yet those who remember and have deep insight.

编后记

2017 年初秋，众位自认为青年的人类学同道在上海一聚，回顾和分享自己掉入人类学之坑的种种历险和纠结，苦涩与甜蜜。尽管会被人误解和嘲讽，我们也确实尚在学习的路上，我们的讨论也确实粗糙，但最可贵者正在于大家的真诚。我们也再一次用一种前现代的方式在一个后现代的处境下经历一种共同体的联结。犹记得当时代启福在分享自己的"身世感"时给大家的感动，事后也有好几位在场的同学反馈说这些分享对他们的触动，并成为他们长久的安慰：原来这条路上我并不孤单，我的挣扎也是其他同道的共鸣。

两年来，我们持续收到一些反馈，也陆续收到更多同道学人的心路文字，华东师范大学出版社的顾晓清女士更是欣然同意将大家的分享结集。再次说，这不是说我们的文字有多好，事实上正是这些很个人，甚至很私人的分享在一个充满谎言和表演的世代中显出其不凡之处。可以说，这是一个面向公众的邀请：请看，这是一群勇于暴露自己内心的学习者。我们的关键词是"成为"，强调的是这个学习和成长的过程，而不是容易被人误解的"家"。

感谢中央民族大学民族学与社会学学院慷慨支持这个不成熟的文集。感谢每一位参与者，愿意分享，不计稻粱，在这个世代做这种傻事：既不能进入我们各自的工分系统，连润笔都没有。作为编者，我们三位再次感谢大家的参与和信任。

黄剑波、龚浩群、李伟华

2019 年 11 月 21 日